U0614360

# 给排水专业对接
# 职业标准的课程体系

何　荧　郭雪梅　郭国英 ◎ 著

哈尔滨出版社
HARBIN PUBLISHING HOUSE

图书在版编目（CIP）数据

给排水专业对接职业标准的课程体系 / 何荧，郭雪梅，郭国英著. -- 哈尔滨：哈尔滨出版社，2025. 1.

ISBN 978-7-5484-8256-7

Ⅰ. TU991

中国国家版本馆 CIP 数据核字第 2024GY8660 号

书　　名：**给排水专业对接职业标准的课程体系**
JIPAISHUI ZHUANYE DUIJIE ZHIYE BIAOZHUN DE KECHENG TIXI

作　　者：何　荧　郭雪梅　郭国英　著

责任编辑：王嘉欣

出版发行：哈尔滨出版社（Harbin Publishing House）

社　　址：哈尔滨市香坊区泰山路 82-9 号　邮编：150090

经　　销：全国新华书店

印　　刷：北京虎彩文化传播有限公司

网　　址：www. hrbcbs. com

E - mail：hrbcbs@ yeah. net

编辑版权热线：（0451）87900271　87900272

销售热线：（0451）87900202　87900203

开　　本：880mm×1230mm　1/32　印张：4.5　字数：113 千字

版　　次：2025 年 1 月第 1 版

印　　次：2025 年 1 月第 1 次印刷

书　　号：ISBN 978-7-5484-8256-7

定　　价：48.00 元

凡购本社图书发现印装错误，请与本社印制部联系调换。

服务热线：（0451）87900279

# 前　　言

　　给排水专业作为现代工程技术领域的重要分支,其课程体系的构建与职业标准的对接显得尤为重要。随着行业技术的不断革新和市场需求的日益多样化,给排水专业教育必须紧跟时代步伐,构建与职业标准相契合的课程体系。这一体系的构建,不仅有助于提高学生的职业素养和综合能力,更能够为其未来职业生涯的顺利发展奠定坚实基础。深入剖析给排水专业的核心知识点与技能要求,结合行业发展的最新趋势,致力于打造一套既符合教育规律,又满足职业需求的课程体系。这一体系的实施,将为学生搭建起从理论学习到实践应用的桥梁,助力其在给排水领域取得卓越成就。

　　本书共分为五个章节,围绕给排水专业的教育与职业发展,系统地探讨了专业概述、职业标准、基础与技能课程体系构建,以及实践教学体系与评价优化策略。各章节内容紧密衔接,构成了一个完整的理论与实践框架。第一章概述了给排水专业的核心知识与职业发展现状,为后续章节奠定了理论基础。第二、三章则深入探讨了基础与技能课程体系的构建,旨在培养学生的综合素质与专业技能。第四章以职业标准为导向,详细阐述了实践教学的设计与实施,强化学生的实践操作能力。最后,第五章提出了课程体系的评价与优化策略,以确保教育质量与职业需求的契合。整体而言,本书旨在为给排水专业教育提供全面、系统的指导,促进学生职业生涯的顺利发展。

# 目　　录

# 第一章  给排水专业概述与职业标准分析

## 第一节  给排水专业的历史与发展

### 一、给排水专业的历史沿革

#### （一）早期雏形阶段

**1.给排水技术与实践的早期发展**

在远古时期，人们为了生活和农业灌溉的需要，开始挖掘井渠、兴修水利，这些实践初步体现了给排水的基本原理。井渠的开凿不仅解决了生活和农业用水的问题，还体现了人类对水资源的初步管理和利用。然而，这些实践活动大多是基于直观需求和经验积累，尚未形成系统化的理论体系。随着历史的推移，人们逐渐认识到给排水技术的重要性，并开始在实践中不断探索和创新。例如，在农业灌溉方面，人们设计了更高效的灌溉系统，以提高水资源的利用率；在城市建设中，下水道工程的出现有效解决了城市排水问题，提升了城市居民的生活质量。这些实践成果不仅体现了人类文明的进步，也为后来给排水工程专业的发展奠定了基础。

### 2. 给排水工程专业教育的萌芽与发展

进入 20 世纪初,我国给排水工程专业教育开始萌芽,在北洋大学(今天津大学)、交通大学等高等学府中,土木工程专业内开始设置与给排水相关的课程。这些课程主要围绕"给水工程""下水道工程"等卫生工程方向,旨在培养学生掌握给排水工程的基本理论和实践技能。在这一时期,给排水相关的课程内容逐渐丰富和完善,开始涵盖水力学、水质处理、水资源管理等多个方面。通过学习这些课程,学生们能够更深入地了解给排水工程的原理和技术,为未来的工程实践打下坚实基础。随着教育的不断发展,给排水工程专业逐渐从土木工程中独立出来,形成了一个专门的专业领域。这一变化不仅体现了给排水技术的重要性和复杂性,也反映了社会对这一领域专业人才的需求。专业的独立设置使得给排水工程教育更加系统化和专业化,为我国的给排水技术发展提供了有力的人才支撑。此外,给排水工程专业的设立还推动了相关科研和技术创新的发展。学者们开始深入研究给排水技术的各个方面,不断探索新的理论和方法,为提升我国给排水技术水平做出了重要贡献。

## (二)专业设立与发展阶段

### 1. 城市化与工业化推动下的给排水工程专业设立

1952 年,我国正式设立"给水排水工程"专业,这一重要举措不仅是教育领域的一次创新,更是对当时社会发展需求的积极响应。城市化进程的加快导致城市人口迅速增长,城市基础设施建设面临巨大压力。给排水工程作为城市基础设施的重要组成部分,其设计、施工、管理和研究水平直接关系到城市居民的生活质量和城市的可持续发展。因此,设立专门的给排水工程专业,培养具备专业知识和技能的高级技术人才,成为当时社会发展的迫切需求。同时,工业化水平的提高也对给排水工程提出了新的挑战。工业生产过程中产生的废水和废气等污染物,对环境造成了严重影响。给排水工程在治理工业污染、保护环境方面发挥着重要作用。因此,设立给排水工程专业,培养具备环保意识和创新能力的高级技术人才,对于推动我国工业化的绿色发展具有重要意义。

**2. "给排水科学与工程"专业的更名与发展**

随着科技的不断进步和学科交叉融合的发展趋势,给排水工程领域的研究内容和技术手段也在不断更新和拓展。为了更好地适应这一变化,并更准确地反映专业的内涵和外延,2006 年,部分高校将"给水排水工程"专业名称更名为"给排水科学与工程"。这一更名不仅体现了专业名称的与时俱进,更彰显了给排水工程领域研究深度和广度的提升。从"给水排水工程"到"给排水科学与工程",专业名称的变化反映了该领域从传统的工程技术向科学与工程技术相结合的转变。新的专业名称更加强调科学原理在工程技术中的应用,以及工程技术与环境保护、资源利用等社会问题的紧密结合。此外,"给排水科学与工程"专业的更名也进一步拓宽了专业的服务领域和就业前景。随着社会对水资源管理和环境保护的日益重视,给排水科学与工程专业毕业生在市政、环保、工矿企业等领域都有着广泛的就业机会。他们不仅可以从事传统的给排水工程设计、施工和管理工作,还可以在水资源保护、水污染治理等前沿领域发挥重要作用。

## 二、给排水专业的发展现状

### (一)学科建设与教育改革

#### 1. 专业名称的统一与规范

教育部颁布的《普通高等学校本科专业目录》将"给水排水工程"和"给排水科学与工程"专业名称统一确定为"给排水科学与工程",这一举措对于规范专业设置、明确专业定位具有重要意义。专业名称的统一不仅消除了过去名称差异带来的认知混淆,更有助于提升该专业的社会认同度和影响力。这一变化体现了我国高等教育对于给排水科学与工程专业发展的高度重视,也为该专业的未来发展奠定了坚实的基础。统一的专业名称"给排水科学与工程"更加全面地反映了该专业的核心内容和培养目标。它不仅涵盖了给水与排水的传统工程技术领域,还拓展了与水资源保护、水环境治理等相关的科学问题。这种名称上的变化,实质上是对专业内涵和外延的深化与拓展,有助于引导该专业向更加综合、交叉的方向发展。

#### 2. 教育教学理念的更新与课程内容的优化

随着科技的不断进步和社会的快速发展,给排水科学与工程专业面临着前所未有的挑战与机遇。为了适应这种变化,各高校纷纷进行教育教学改革,更新教学理念,优化课程内容。在教学理念方面,越来越多的高校开始注重培养学生的综合素质和创新能力。他们不再仅仅满足于传授专业知识,而是致力于培养学生的批判性思维、解决问题的能力及终身学习的习惯。这种教学理念的转变,有助于激发学生的学习兴趣和潜能,培养他们成为具备创新精神和实践能力的高素质人才。在课程内容方面,各高校结合行业发展需求和技术前沿动态,对原有课程进行了全面的梳理和更新。他们引入了新技术、新工艺和新材料等相关内容,删除了过时或冗余的知识点,使课程内容更加贴近实际工程应用。同时,为了培养学生的跨学科视野和国际视野,一些高校还增加了与环境保护、城市规划、经济管理等学科交叉的课程,以及介绍国际先进技术和工程实例的国际化课程。这些举措极大地丰富了给排水科学与工程专业的课程体系,提高了课程的实用性和前瞻性。

**3. 实践教学环节的强化与创新**

近年来,各高校在实践教学环节进行了大量的探索和创新,旨在提高学生的实践能力和创新精神。一方面,高校加大了对实验教学的投入力度,改善了实验教学条件。他们建设了先进的实验室和实习基地,购置了先进的实验仪器和设备,为学生提供了良好的实践环境。同时,高校还鼓励教师开展实验教学方法的改革与创新,引入综合性、设计性实验项目,提高学生的实验技能和独立思考能力。另一方面,高校积极拓展校外实践教学资源,与企业、行业协会和科研机构等建立紧密的合作关系。他们通过组织学生参加实习实训、参与工程项目和科研课题等方式,让学生在实际工作环境中接触和解决实际问题。这种校企合作的实践教学模式,不仅有助于培养学生的职业素养和团队协作能力,还能为学生提供更多的就业机会和发展空间。此外,高校还注重培养学生的创新意识和创业能力。他们通过举办创新创业大赛、开设创新创业课程等方式,激发学生的创新思维和创业热情。一些高校还设立了创新创业基金,为学生提供创业资金支持和创业指导服务,帮助他们实现创业梦想。

## （二）科研创新与技术进步

### 1. 节水技术的研究与应用

专业教师和研究人员通过系统研究和分析，提出了一系列创新的节水方案，如优化供水系统、改进用水设备、推广节水灌溉等。这些方案在实际应用中取得了显著效果，有效降低了水资源消耗，为缓解我国水资源紧张状况提供了有力支持。在节水技术的研究过程中，给排水科学与工程专业还注重与多学科的交叉融合，如与计算机科学、自动化技术等领域的合作。这种跨学科的研究模式，不仅丰富了节水技术的理论体系，还为节水技术的实际应用提供了更多可能性。例如，引入智能控制系统，实现对用水设备的精准监控和调度，进一步提高节水效果。

### 2. 水处理技术的创新与发展

专业教师和研究人员在深入研究传统水处理技术的基础上，积极探索新型水处理方法和工艺。他们引入新材料、新技术和新设备，不断提高水处理的效率和质量。其中，生物处理技术、膜分离技术、高级氧化技术等新型水处理技术得到了广泛研究和应用。这些技术在水质净化、污染物去除等方面表现出优异的性能，为改善我国水环境质量提供了有力技术支持。同时，给排水科学与工程专业还注重水处理技术的绿色化和可持续发展，致力于降低水处理过程中的能耗和物耗，减少二次污染的产生。

### 3. 水生态修复技术的探索与实践

随着人们对水生态环境保护的日益重视，水生态修复技术的研究与实践显得尤为重要。研究人员通过深入研究水生态系统的结构和功能，提出了一系列针对性的水生态修复方案。这些方案旨在恢复水生态系统的健康状态,提高水体的自净能力和生态服务功能。在实际应用中,给排水科学与工程专业注重水生态修复技术的综合性和系统性。他们通过整合多种技术手段,如生态工程、生物修复、植被恢复等,构建完善的水生态修复体系。同时,该专业还注重与地方政府和相关部门的合作,推动水生态修复技术在实践中的广泛应用。这些努力为我国水生态环境的改善和保护提供了有力支持。除了上述几个方面的突破外,给排水科学与工程专业在科研创新和技术进步方面还取得了许多其他重要成果。例如,在给排水系统设计与优化、给排水设备研发与改进、智慧水务等方面都取得了显著进展。这些成果不仅推动了给排水行业的技术进步和产业升级,也为解决我国水资源危机和水环境问题提供了更多有效的技术手段和方案。

## (三)就业前景与社会需求

### 1. 城市化进程与基础设施建设推动人才需求

随着城市化进程的加快,城市人口不断增加,城市规模逐渐扩大。这一过程中,给排水系统的建设与完善成为城市发展的重要一环。因此,社会对给排水科学与工程专业技术人才的需求呈现出持续增长的趋势。毕业生凭借扎实的专业知识和实践技能,能够在城市(镇)的给排水系统规划、设计、施工、管理等方面发挥重要作用。同时,国家对基础设施建设的投入也在不断增加,各类工矿企业的给排水工程建设与改造项目日益增多。这些项目的实施需要大量具备给排水科学与工程专业知识的人才参与。因此,给排水科学与工程专业的毕业生在工矿企业领域也具有广泛的就业机会。他们可以从事环境保护、环境污染治理以及监测与管理等工作,为企业的可持续发展提供有力支持。

## 2. 多元化就业领域与发展空间

给排水科学与工程专业的毕业生具备扎实的专业知识和较强的实践能力,使得他们在就业市场上具有较大的竞争力。除了在城市(镇)和工矿企业等领域就业外,他们还可以在设计单位、研究机构等从事给排水工程的咨询、规划、设计、施工等工作。这些单位对给排水科学与工程专业人才的需求也较大,为毕业生提供了较多的就业机会。在设计单位,毕业生可以运用所学的专业知识和实践经验,参与给排水工程的设计工作,为城市的给排水系统提供科学合理的解决方案。在研究机构,他们可以深入研究给排水领域的前沿技术,为行业的创新发展做出贡献。此外,随着国家对环境保护和节能减排要求的提高,给排水工程在绿色建筑、海绵城市建设等领域也发挥着越来越重要的作用。这些新兴领域的发展为给排水科学与工程专业的毕业生提供了更多的发展机会和空间。他们可以在这些领域发挥专业优势,推动绿色建筑和海绵城市的建设与发展。

## 3. 政府部门与公共事务的就业机遇

给排水科学与工程专业的毕业生凭借专业知识和实践经验,有机会进入政府部门从事相关管理工作。他们可以在水务局、环保局等政府机构中担任重要职务,负责制定和执行相关政策法规,推动给排水工程的规范化、标准化发展。同时,随着社会对环境保护意识的提高和政府对环保工作的重视,给排水科学与工程专业的毕业生在公共事务领域也具有广泛的就业前景。他们可以参与环保项目的规划与实施,推动环境保护工作的开展,为社会的可持续发展做出贡献。

# 第二节　给排水专业的核心领域与知识体系

## 一、核心领域

### （一）水的采集与输送

#### 1. 水源选择与水质评估

水源选择是水的采集与输送的起始点，也是确保整个供水系统持续、稳定运行的关键。不同的地理环境、气候条件和水文特征，决定了水源的多样性和复杂性。给排水专业的专家与学者需要综合考虑多种因素，如水源的可靠性、水量是否充足、水质是否达标等，来确定最佳的水源选择方案。与此同时，水质评估也是不可忽视的一环。水质的优劣直接影响到后续处理工艺的难易程度、供水系统的运行成本及最终用户的用水安全。因此，给排水专业需要对水源水进行全面的水质分析，包括对其物理性质、化学指标和微生物含量等进行精确测定和评估。这些数据不仅为水源的选择提供了科学依据，也为后续的水处理工艺设计奠定了坚实基础。在实际操作中，水源选择与水质评估往往是相互关联、相互影响的。一方面，水源的选择会直接影响到水质的原始状态；另一方面，水质评估的结果又会反过来指导水源的优化选择。这种动态的、交互的关系，使得水源选择与水质评估成为给排水专业中极具挑战性和实用性的工作。

#### 2. 输水管线的设计与优化

在确定了水源并完成了水质评估后，接下来的重点便是如何将水资源从源头安全、高效地输送到用户端。这就涉及了输水管线的设计与优化问题。输水管线的设计是一个综合性的工程问题，它不仅需要考虑管线的走向、长度、直径等基本参数，还需要充分考虑地形地貌、地质条件、气候条件等外部因素。此外，管线的材料选择、防腐措施、施工方法等也是设计中不可忽视的重要环节。这些因素共同决定了输水管线的安全性、经济性和可靠性。而输水管线的优化，则是在设计的基础上，通过先进的技术手段和管理方法，进一步提高管线的输送效率和服务水平。这包括利用计算机模拟技术对管线进行水力分析，以找出可能存在的瓶颈和风险点；采用智能监控系统对管线的运行状态进行实时监测和预警，以确保管线的安全稳定运行；通过定期的维护检修和应急预案，延长管线的使用寿命和提高应对突发事件的能力。

## （二）水质控制与处理

### 1. 物理、化学和生物方法的应用

水质控制与处理首先涉及多种学科知识的综合运用，包括物理、化学和生物等。这些学科为水质处理提供了丰富的理论支持和实践指导。物理方法基于杂质与水分子之间的物理性质差异，实现杂质的分离和去除。化学方法则通过化学反应来改变水中杂质的性质，使其转化为易于去除的形态。例如，混凝过程就是添加化学药剂，使水中的微小颗粒凝聚成较大的絮凝体，便于后续的沉淀和去除。生物方法则主要利用微生物的代谢活动来降解和转化水中的有机物和某些无机物。这种方法在去除水中难以降解的污染物方面具有显著优势，同时也有助于提高水质的生物安全性。

### 2. 处理工艺的研发与优化

为了达到更高效的水质处理效果，给排水专业需要不断研发

和优化各种处理工艺,这包括对传统工艺进行改进和创新,以及探索和开发新型的水处理技术。在研发方面,对水质处理过程中各种影响因素进行深入研究可以发现新的处理方法和工艺。例如,针对特定类型的污染物,研发具有高效去除能力的新型材料或微生物菌种;或者通过优化工艺参数和操作条件,提高现有处理工艺的处理效率和稳定性。在优化方面,主要关注于提高现有处理工艺的经济性、环保性和可持续性。这包括降低处理过程中的能耗和物耗,减少副产物和污泥的产生,以及提高废水和污泥的资源化利用率等。这些优化措施不仅可以降低水质处理的成本,还可以减少对环境的负面影响,实现水资源的可持续利用。此外,随着科技的不断进步和新型污染物的不断出现,水质控制与处理也面临着越来越多的挑战。因此,给排水专业需要保持与时俱进的态度,不断学习和掌握新的知识和技术,以适应水质处理领域的发展和变化。

## (三)水系统设备仪表控制

### 1. PLC 控制与远程监控技术的融合应用

PLC(可编程逻辑控制器)作为一种重要的自动化控制设备,已广泛应用于水系统设备仪表的控制中。通过编程和设置,PLC能够实现对水泵、阀门、传感器等设备的精确控制,确保这些设备按照预定的参数和逻辑运行。这不仅提高了水系统的自动化水平,也大大减少了人工操作的复杂性和出错率。与此同时,远程监控技术的引入进一步增强了水系统设备仪表控制的便捷性和时效性。借助网络技术,工作人员可以在任何地点、任何时间对水系统的运行状态进行实时监控,及时获取各种设备和仪表的数据信息。

这种远程监控能力不仅为水系统的日常管理带来了极大的便利，也为应对突发事件和进行快速决策提供了有力的支持。PLC 控制与远程监控技术的融合应用，使得水系统设备仪表控制更加智能化、高效化。通过预设的控制逻辑和实时的数据反馈，系统能够自动调节设备参数，优化运行策略，以应对各种复杂多变的水处理场景。

**2. 故障诊断与预警技术的创新发展**

由于水系统涉及的设备和仪表种类繁多，且长时间运行容易出现磨损和故障，因此及时准确地诊断和预警潜在问题至关重要。现代故障诊断技术借助先进的传感器、数据采集系统和分析算法，能够实时监测设备的运行状态，识别异常信号，并准确判断故障类型和原因。这不仅为维修人员提供了有针对性的维修指导，也大大缩短了故障排查和修复的时间。预警技术则更进一步，它通过对历史数据和实时数据的深度分析，能够预测设备可能出现的故障趋势，提前发出警报。这种预警能力使得工作人员能够在故障发生前采取预防措施，避免或减少故障对水系统运行的影响。故障诊断与预警技术的创新发展，极大地提升了水系统设备仪表控制的可靠性和安全性。它们不仅为水系统的稳定运行提供了有力保障，也为实现水系统的智能化管理和优化运行奠定了坚实基础。

## （四）水工建设与运营

**1. 水厂的规划、设计与施工**

水厂的规划是整个建设过程的起点，它要求综合考虑水源、水量、水质、地形地貌、气候条件等多重因素，以确保水厂建设的合理性和可行性。规划过程中，需要运用系统工程的理论和方法，对水厂的总体布局、工艺流程、设备选型等进行全面优化,从而实现资源的高效利用和对环境的最大化保护。设计环节则是将规划理念具体化的关键步骤。设计人员需根据规划要求,结合实际情况,进行详细的结构设计、电气设计、自控系统设计等,确保每一个细节都符合工程标准和安全规范。同时,设计过程中还需充分考虑未来运营的便捷性和经济性,以实现水厂的长期稳定运行。施工则是将设计蓝图变为现实的过程。在施工过程中,需要严格按照设计图纸和规范进行施工,确保每一个施工环节都达到质量标准。同时,施工过程中还需加强现场管理和安全监督,防止安全事故的发生,保障施工人员的生命安全。

**2. 水厂的运营管理**

水厂的运营管理是确保水厂高效、稳定运行的关键环节,涉及水质监测、设备维护、安全生产、应急处理等多个方面。在水质监测方面,需要定期对原水、过程水和出厂水进行全面检测,确保水质符合国家标准和用户需求。同时,还需建立完善的水质监测体系和预警机制,及时发现并处理水质异常问题。设备维护方面,需要制定科学的维护计划和保养流程,定期对设备进行检查、清洗、维修和更换,确保设备的正常运行和使用寿命。此外,还需建立设备档案和维修记录,为设备的后续维护和管理提供有力支持。在安全生产方面,需要制定严格的安全生产管理制度和操作规程,加强员工的安全教育和培训,提高员工的安全意识和操作技能。同时,还需定期进行安全检查和隐患排查,及时发现并消除安全隐患。应急处理方面,需要建立完善的应急预案和处置流程,明确应急响应的程序和措施。在发生突发事件时,能够迅速启动应急预案,组织人员进行应急处置,确保水厂的安全稳定运行。

## 二、知识体系

### (一)基础理论知识

#### 1.基础理论知识的重要性

流体力学研究流体的运动规律及其与边界的相互作用,为给排水系统中水流的计算、优化和控制提供了理论依据。水分析化学则关注水中化学成分的定性、定量分析,为水质评价、处理工艺的选择提供了科学指导。微生物学则揭示了微生物的生命活动规律及其在水处理过程中的作用,为生物处理技术的研发与应用奠定了基础。这些学科共同构成了给排水专业不可或缺的理论基础。水作为一种特殊的流体,其物理、化学和生物性质在处理过程中会发生复杂的变化。流体力学有助于理解水在管道中的流动特性、能量损失及水力条件对处理效果的影响。水分析化学则帮助深入探究水中杂质的成分、形态及其在水处理过程中的转化与去除机理。微生物学则揭示了微生物如何参与并影响水的生物处理过程,如生物降解、生物絮凝等。学习这些基础理论知识,可以更加全面地掌握水的性质及其在处理过程中的变化规律。

#### 2.基础理论知识的应用

在给排水工程实践中,基础理论知识的应用贯穿始终,例如,在设计给水系统时,需要运用流体力学的知识来计算管网的水力条件,确保水流分布的均匀性和供水的可靠性。在污水处理过程中,则需要根据水分析化学的原理来选择合适的处理方法,以去除水中的有害物质。同时,微生物学的知识也被广泛应用于生物处理系统的设计与优化中,以提高污水处理的效率与效果。随着科技的不断进步和环保要求的日益提高,给排水领域面临着诸多挑战与机遇。基础理论知识的深入研究与创新应用是推动该领域技术发展的关键所在。例如,对流体力学新理论、新方法的探索与应用可以开发出更加高效、节能的水力输送与混合技术。借助水分析化学的最新研究成果,可以研发出更加灵敏、准确的水质监测与检测技术。微生物学的新发现则为生物处理技术的创新提供了源源不断的灵感与思路。

### (二)专业技术知识

#### 1. 专业技术知识的涵盖与整合

水质工程学是给排水专业中至关重要的一个环节,它主要研究水质的改善和保护技术。通过对水质工程学的学习,学生能够了解各种水质处理工艺的原理、设计方法和运行管理要点,从而确保给排水系统能够提供符合标准的水质。这包括混凝、沉淀、过滤、消毒等处理单元的优化设计,以及针对不同原水水质特点的处理方案制定。建筑给排水工程是给排水专业技术知识中的另一个重要组成部分。它涉及建筑内部给水系统、排水系统及消防水系统的设计、安装和调试。通过对建筑给排水工程的学习,学生能够掌握建筑内部水系统的布局原则、管材管件的选用、水力计算及施工安装等技能,为建筑物的正常运行和居住者的舒适生活提供有力保障。水泵及水泵站作为给排水系统中的关键设备,其选型、配置和运行管理对于整个系统的效率和稳定性至关重要。通过学习水泵的工作原理、性能曲线及水泵站的布局设计等知识,学生能够合理选择和配置水泵,确保给排水系统的高效运行。

#### 2. 专业技能的培养与提升

学生需要通过学习掌握各种设计规范和标准,结合实际需求进行系统设计。这包括给水管网、排水管网、处理构筑物及泵站等的设计,要求既满足功能需求,又考虑经济性、安全性和可持续性。施工技术是实现给排水系统设计意图的关键环节。学生通过学习施工技术知识,能够了解施工流程、质量控制要点及安全管理措施等,从而确保施工过程的顺利进行和工程质量的达标。给排水系统的运行管理是保障系统长期稳定运行的重要工作。学生通过学习运行管理知识,能够掌握系统监测、故障诊断、维护保养及应急预案制定等技能,提高系统的运行效率和可靠性。

## (三)实验与实践技能

### 1. 实验课程对理论知识深化的作用

给排水专业的实验课程为学生提供了亲手操作各种水处理设备的机会,在这一过程中,学生不仅能够直观地观察到水处理过程中的各种物理、化学变化,还能通过实际操作来感受和理解这些变化的内在机制。例如,在混凝实验中,学生可以通过调整 pH 值、投加混凝剂的量等操作,直观地看到水质的变化,从而更深入地理解混凝的原理和作用。通过实验课程,学生可以系统地了解整个水处理流程。从原水的取样、预处理、主要处理到后处理,每一个步骤都需要学生亲自参与和操作。这种全流程的实验体验,不仅有助于学生了解每个处理单元的作用和效果,还能帮助他们建立对整个水处理系统的全面认知。

### 2. 实习与课程设计对理论知识应用的意义

给排水专业的实习环节通常安排在学生已经掌握了一定的专业理论知识之后。在实习过程中,学生有机会进入实际的水处理工程项目现场,观察和参与实际的工作流程。这种真实环境的体验,不仅能够让学生了解到理论知识在实际操作中的应用方式,还能帮助他们建立对专业工作的直观认识和感受。通过课程设计,学生可以进一步巩固和拓展所学的专业知识,同时也能提升自己的问题解决能力和创新思维能力。

## (四)跨学科知识

### 1. 给排水技术与信息科学的融合

随着物联网、大数据等信息技术的快速发展,给排水系统的监控与管理正逐渐实现智能化。安装传感器和数据采集设备可以实时监测水质、水量等关键参数,并利用大数据分析技术对收集到的数据进行处理和分析。这不仅提高了给排水系统的运行效率,还有助于及时发现潜在问题并进行预防性维护。对于给排水专业的学生而言,掌握相关的信息技术知识,能够使他们更好地理解和应用这些智能化系统。信息科学中的数学建模和仿真技术为给排水系统的设计和优化提供了有力工具。建立数学模型可以模拟给排水系统的运行状态,预测不同设计方案下的性能表现,从而选择最优的设计方案。这要求给排水专业的学生不仅要了解传统的工程设计方法,还要熟悉数学建模和仿真技术,以便能够利用这些工具进行更高效、更精确的设计工作。

### 2. 给排水技术与材料科学、控制科学的融合

材料科学的发展为给排水系统提供了更多高性能、环保的材料选择。例如,新型的高分子材料、纳米材料等被广泛应用于水处理过程中,提高了水处理的效率和质量。给排水专业的学生需要关注这些新型材料的研究进展和应用前景,以便在未来的工作中能够合理利用这些材料,提升给排水系统的性能。引入先进的控

制系统和算法可以实现给排水系统的精确控制和优化运行。这不仅降低了人工操作的复杂性,还提高了系统的稳定性和安全性。给排水专业的学生需要掌握相关的控制理论知识和技术,以便能够设计和实施高效的自动化控制系统。

# 第三节　职业标准的概念及其在给排水专业的应用

## 一、职业标准的概念解析

职业标准,简而言之,是对某一特定职业或行业从业人员所需具备的职责、技能、知识和其他相关素质进行明确规范和量化的准则。这一标准不仅为从业人员提供了明确的职业发展路径,也为行业、企业和教育机构提供了培养和评价人才的依据。

### (一)规范性与指导性的结合

规范性是职业标准的核心属性之一,它具体展现在对从业人员全方位要求的详尽厘定上。这种厘定不仅覆盖了基础的专业技能与知识,更延伸至工作态度、职业道德及行业内的行为规范等诸多层面。通过这一系统化的规范,职业标准确保了从业人员能够拥有扎实的专业根基和全面的职业素养,从而能够在复杂多变的工作环境中游刃有余地应对各种挑战。与此同时,职业标准的指导性功能亦不容忽视。它不仅为从业人员描绘出清晰的职业发展蓝图,更在其实践职业生涯的每一个阶段都提供了宝贵的指导。这种指导是全方位的,既包括对专业技能提升的建议,也涵盖了对个人职业规划、发展路径选择的策略性意见。在职业标准的指导下,从业人员能够更为明确地认识到自身的长处与短板,进而制定出更具针对性和实效性的个人发展计划。这种以职业标准为指导的职业发展模式,不仅有助于从业人员实现个人价值的最大化,也为整个行业的持续进步与繁荣注入了源源不断的动力。

## (二)动态性与适应性的统一

职业标准并非静态不变的框架,而是一个随着社会进步、行业发展及技术革新而持续演进和优化的动态体系。这种动态性正是职业标准的生命力所在,它保证了职业标准能够与时俱进,始终与日新月异的行业需求保持紧密同步。随着社会经济的飞速发展,行业对人才的需求也在不断变化,这就要求职业标准必须具备足够的弹性和前瞻性,以便及时吸纳新兴技术、新的工作方法和行业最佳实践。通过不断调整和优化,职业标准能够更为精准地反映行业对人才的实际需求,从而为行业培养和输送符合当前及未来发展趋势的合格人才。此外,职业标准的适应性亦是其重要特性之一,它能够根据不同地域、不同行业层次的具体需求进行灵活调整,确保标准的普适性与针对性相结合。这种灵活性使得职业标准能够在多样化的行业环境中发挥最大的效用,满足各类企业和组织对人才的特定要求。因此,职业标准的动态性和适应性共同构成了其强大的生命力和广泛的应用价值,为行业的持续健康发展提供了坚实的人才保障。

## 二、职业标准在给排水专业的应用

### (一)明确从业人员职责和要求

实施职业标准可以系统且全面地界定给排水专业技术人员的

各项职责与详尽要求。这一界定过程不仅深入涵盖了专业技能的熟练掌握——如给排水系统设计、施工、运维等核心技术的精准运用,更广泛触及职业道德的坚守、团队协作能力的培养及安全生产意识的提升等多个维度。职业标准的细致引入,为从业人员描绘了一幅清晰且具体的职业肖像,使他们能够深刻理解并明确自身在给排水领域中的工作范畴与所承担的职责。这种明确性不仅有助于从业人员在日常工作中更加游刃有余,更能促使他们在面临复杂问题时迅速定位自身角色,从而做出符合职业规范与道德准则的决策。因此,职业标准的全面引入和实施,实质上为给排水专业技术人员提供了一种强有力的职业导航,引领他们更好地履行职业角色,实现个人与行业的共同发展。

## (二)提升从业人员技能水平

职业标准为给排水专业技术人员勾画出了一条明晰的技能进阶之路。借助于标准的细致对照,从业人员能够深刻洞察自身在专业技能方面存在的短板与不足,这种自我认知的过程对于个人职业发展至关重要。在了解了自身的薄弱环节后,他们可以针对性地制定出切实有效的技能提升计划,无论是深化理论知识,还是加强实践操作,都能有的放矢地进行。此外,职业标准还充当了教育机构和企业在开展培训时的内容指南。以职业标准为蓝本,培训机构可以设计出更加贴近实际工作需求的课程体系,确保所传授的知识与技能能够紧密对接行业发展的现状和未来趋势。这种以职业标准为导向的培训模式,不仅提高了培训的针对性和实效性,更有助于培养出符合行业发展需求的高素质人才,从而推动给排水领域的持续进步与创新。

## （三）促进行业规范化发展

职业标准的贯彻实施对于推动给排水行业的规范化发展具有深远的意义。当全行业的从业人员均遵循统一的职业标准进行培养与评价时，就意味着行业内部将形成一种标准化的工作语言和质量要求。这种标准化不仅有助于提升整个行业的服务质量和工作效率，还能够确保各个环节的专业性和安全性，从而显著提高行业的整体竞争力。更为重要的是，职业标准在行业内外的交流与合作中扮演了关键角色。它成了一个共同的参照系，使得不同企业、不同地区甚至不同国家之间的给排水专业技术人员能够基于同一套标准进行有效的沟通与协作。这种标准化的交流与合作无疑将加速先进技术的传播与应用，促进创新思维的碰撞与融合，从而为给排水行业的技术进步和产业升级注入强大的动力。因此，职业标准的实施不仅推动了给排水行业的规范化，更为行业的持续创新与发展奠定了坚实的基础。

## （四）优化人才选拔和评价机制

实施职业标准可以构建出一个系统且科学的人才选拔与评价体系。在人才招聘与选拔的环节，企业能够依据职业标准对候选人的专业素养和技能水平进行全面而精准的评估。这种以职业标准为基础的选拔机制，不仅提高了人才识别的准确性，更有助于企业挑选到真正符合岗位需求的专业人才，从而优化人力资源配置，提升企业整体运营效率。同时，职业标准还为从业人员的绩效评价提供了明确且客观的依据。在绩效评价过程中，以职业标准作为衡量尺度，可以更加公正、客观地评估员工的工作表现，避免了主观臆断和偏见对评价结果的影响。这种以职业标准为依据的绩效评价方式,不仅有助于激发员工的工作积极性,更能促进企业内部的公平竞争与和谐发展。因此,通过职业标准建立起的人才选拔和评价机制,对于提升企业管理水平、优化人才结构及推动企业长远发展具有显著意义。

## (五)推动教育教学改革

给排水专业的教学体系与职业标准的紧密结合显得尤为重要。教育机构在进行课程设置和教学内容规划时,应当充分参照职业标准,以确保所传授的知识与技能能够紧密贴合给排水行业的实际需求。以职业标准为导向,教育机构可以更加精准地定位人才培养目标,从而构建出既符合行业发展趋势又满足企业用人需求的课程体系。这种针对性的教学设计,能够使学生在在校期间就系统掌握给排水领域的基础理论和专业技能,进而在毕业后迅速适应工作岗位,展现出良好的职业素养和实践能力。此外,以职业标准引领教育教学改革,还有助于提升毕业生的就业竞争力。当学生在校所学与行业需求高度契合时,他们在求职过程中将更具优势,更容易获得企业的认可和青睐。同时,这种改革也增强了毕业生的行业适应性,使他们能够在不断变化的行业环境中持续学习和进步,为给排水行业的持续发展贡献自己的力量。因此,给排水专业的教学与职业标准的紧密结合,是提升教育质量、促进学生就业和行业发展的重要途径。

# 第二章　给排水专业基础课程体系构建

## 第一节　基础理论课程设置及其重要性

### 一、给排水专业基础理论课程的构成

#### （一）主干学科课程

主干学科课程是构建学生专业知识体系不可或缺的基石，土木工程、化学和生物学等课程相互交织，共同为学生打造了坚实的学术背景。土木工程课程不仅传授了工程力学、工程制图等基础知识，更在潜移默化中培养了学生的工程思维。通过学习这些内容，学生能够深入理解给排水工程结构的设计原理，掌握施工过程中的关键技术，从而为未来从事相关工程设计和施工工作奠定扎实的基础。化学课程则带领学生探索水化学的奥秘，揭示了水质特性的科学本质和水处理方法的化学原理。学生通过对水中杂质、污染物及水质指标等内容的深入学习，能够更加精准地把握水质变化的规律，为日后在实际工程中制定合理的水处理方案提供科学的依据。生物学课程则聚焦于微生物学的基本原理，为学生揭示了生物处理技术的内在逻辑。通过学习微生物的生理特性、代谢过程及微生物与环境之间的相互作用，学生能够更加深入地

理解生物处理技术在给排水工程中的应用原理,从而为未来在该领域的创新和发展奠定坚实的理论基础。

## (二)核心课程

核心课程不仅是理论知识的延伸,更是实践能力与创新思维培养的摇篮,水分析化学实验、水力学实验、工程测量实验等课程,以其独特的实验性和操作性,为学生提供了宝贵的动手实践机会。学生能够亲身参与实验操作,观察实验现象,记录并分析实验数据,从而深入理解和掌握给排水工程中的基本技术和方法。这种实践性的学习方式不仅锻炼了学生的动手能力,更培养了他们的科学素养和实验精神。除了实验课程外,专业设计课程也是核心课程的重要组成部分。水泵与水泵站设计、给水管网系统设计等课程中引入实际工程案例,使学生能够将理论知识与实际应用相结合。在这些设计课程中,学生需要运用所学的专业知识,对实际工程案例进行分析、设计和优化,这不仅考验了他们的知识综合运用能力,更提升了他们的工程实践能力和创新思维。通过这些设计课程的锻炼,学生能够更好地适应未来工程实践的需要,成为具备创新精神和实践能力的优秀给排水专业人才。因此,核心课程在给排水专业教育中发挥着不可替代的作用,它们是培养学生专业素养和综合能力的重要途径。

## 二、给排水专业基础理论课程的目的

### (一)构建专业知识体系

通过全面而系统的基础理论课程学习,给排水专业的学生能够逐步构建起完整且扎实的专业知识体系。在这一过程中,学生不仅深入理解了给排水领域的基本概念和关键原理,更掌握了解决实际问题所需的基本方法和技术。这种知识体系的建立,如同为学生打造了一座坚实的学术堡垒,既为后续专业课程的学习提供了稳固的支撑,也为学生未来职业生涯的发展奠定了不可动摇的基础。具体而言,通过对土木工程、化学、生物学等主干学科的学习,学生得以从多个角度全面审视给排水工程,形成了对该领域深刻而全面的认识。同时,核心课程的实践操作和工程设计环节,更是锻炼了学生的动手能力和解决问题的能力,使他们在面对实际工程挑战时能够游刃有余。因此,可以说,系统的基础理论课程学习是给排水专业学生成长的必由之路。它不仅帮助学生打下了坚实的专业基础,更培养了他们的专业素养和综合能力,使他们在未来的学习和工作中能够不断追求卓越,实现自我价值的最大化。这种深厚的学术底蕴和全面的能力素养,无疑将为学生未来的职业发展提供源源不断的动力和支持。

## (二)培养实践能力

给排水专业,作为一门高度实践性的学科,其基础理论课程特别注重实验和设计环节,以培养学生的实践能力。在实验操作中,学生不仅有机会亲自动手进行各种实验,还能在实际操作中逐步掌握基本的实验技能。这种技能包括但不限于实验设备的正确使用、实验条件的精准控制及实验数据的准确记录等。同时,通过对实验数据的收集与分析,学生还能学会运用统计学和数据处理方法对实验结果进行科学解读,这对于培养他们的科学思维和数据分析能力至关重要。另外,工程设计环节则为学生提供了一个将理论知识转化为实践应用的平台。在这一环节中,学生需要综合运用所学的理论知识,结合实际工程需求,进行给排水系统的设计和优化。通过这一过程，学生不仅能够学会如何运用理论知识解决实际工程问题，还能在实践中不断加深对理论知识的理解，实现理论与实践的有机结合。这种以实践为导向的学习方式，不仅有助于提高学生的工程实践能力，还能培养他们的创新思维和解决问题的能力，为他们未来在给排水领域的职业发展奠定坚实基础。

### （三）提升创新思维

创新，作为推动给排水行业持续进步的核心驱动力，其重要性不言而喻。给排水专业的基础理论课程设计者深知这一点，因此在课程设计中巧妙地融入了前沿的科研成果和工程实例，旨在点燃学生的创新火花，培育他们的创新思维。通过学习这些课程，学生不仅能够接触到最新的科研动态和工程技术，还能在深入探索的过程中，逐渐培养出对未知领域的好奇心和探索欲。这种创新意识和能力的培养，对于学生而言，不仅仅是学术上的提升，更是未来职业生涯中不可或缺的宝贵财富。基础理论课程通过引导学生分析、思考并尝试解决真实的工程问题，使他们的创新思维得到实际应用的锤炼。学生在这个过程中，学会了如何将理论知识与实践相结合，如何在面对挑战时寻找新的解决方案。这种学习经历，不仅增强了学生的问题解决能力，也为他们在给排水领域的研究和创新工作打下了坚实的基础。可以说，基础理论课程在培养学生创新意识和能力方面的努力，将对学生未来的学术研究和职业发展产生深远而积极的影响。

## 三、给排水专业基础理论课程重要性

### （一）提高就业竞争力

在竞争激烈的就业市场中，具备扎实基础理论知识和实践能力的给排水专业毕业生无疑拥有更大的竞争优势。他们通过系统地学习,不仅深入掌握了给排水领域的核心知识体系,还具备了将理论知识转化为实践操作的能力。这种全面的专业素养使他们在面对各种复杂工程任务时,能够迅速融入工作环境,准确把握工程需求,并提出切实可行的解决方案。此外,他们的实践能力也是其在职场中脱颖而出的关键。通过在校期间的实验操作和工程设计等实践环节,他们已经积累了丰富的实战经验,这使得他们在处理实际工程问题时更加得心应手。这种理论与实践相结合的能力,不仅提升了他们的工作效率,也保证了工程质量的可靠性,从而赢得了业界的广泛认可。

## (二)拓宽职业发展空间

课程内容涉及土木工程、化学、生物学等多个学科领域,这种跨学科的知识融合不仅加深了学生对给排水专业的全面理解,更为他们日后的职业发展提供了丰富的选择。学生可以根据自身的兴趣点和专业特长,在给排水行业的不同分支中寻找最适合自己的岗位。对于热衷于设计和创新的学生,给排水设计领域提供了一个展现才华的舞台。他们可以运用所学的设计原理和方法,为城市的水资源合理配置和高效利用贡献智慧。对于喜欢挑战和实践的学生,施工现场则是他们的主战场,通过精确的工程测量和科学的施工管理,确保给排水工程的质量与安全。此外,给排水行业的管理和研究领域也同样吸引着有志之士。管理方向的学生可以运用现代管理理念和工具,提升给排水系统的运营效率和服务质量。研究方向的学生则可以深入探索给排水技术的前沿问题,通过科学研究推动行业的持续进步。

## (三)增强终身学习能力

给排水行业作为现代城市建设的重要支柱,其持续发展与技术革新日新月异。在这个快速变化的领域中,具备扎实基础理论知识的给排水专业毕业生展现出了显著的终身学习能力。他们深知行业动态的重要性,因此始终保持对新技术、新方法的敏锐洞察力。这种能力不仅源于他们在校期间所接受的系统性专业训练,更得益于他们对专业知识的深刻理解和广泛应用。在职业生涯中,这些毕业生能够持续跟进行业发展的最新趋势,及时调整自己的知识结构和技能储备。他们勇于面对挑战,乐于接受新知识,从而确保自己的专业技能始终保持领先地位。这种终身学习的态度和精神,使他们在面对行业变革时能够迅速适应,甚至引领行业发展的潮流。

# 第二节　水文学与水资源基础课程

## 一、课程的核心地位与目标

### (一)水文学与水资源课程

水文学与水资源基础课程在自然科学体系中拥有无法取代的地位,这主要体现在其与其他自然科学的紧密联系及对整体知识体系构建的贡献上。水文学与水资源基础课程与地质学、地貌学、气象气候学、土壤学、植物地理学等多门学科存在紧密的交叉与融合。例如,地质学对地下水的研究提供了岩石和矿物学的视角,而水文学则关注地下水的运动规律和储存状态,两者共同揭示了地下水资源的形成与演变机制。再如,气象气候学对降水过程的研究与水文学中的径流形成、洪水预测等内容密切相关,这种跨学科的联系使学生能更全面地理解水循环及其在全球气候系统中的作用。水文学与水资源基础课程为自然地理与资源环境专业的知识体系构建提供了重要支撑。水是地球上最活跃的自然要素之一,它参与了地表形态的塑造、生态系统的维系及人类活动的各个方面。因此,深入理解水的性质、行为及其与环境的相互作用是掌握自然地理与资源环境专业知识的关键。水文学与水资源基础课程通过系统介绍水文循环、水体分类、水资源评价等内容,帮助学生建立起对水的全面认知,进而能够更好地理解和解决与水资源相关的实际问题。

## (二)水文学与水资源基础课程的主要教学目标

水文学与水资源基础课程的主要教学目标是培养学生掌握水文科学的基础理论和基本技能,并深入理解地球上各种水体的特征、形成、运动变化及地理分布规律。这一目标的实现对于学生后续的专业学习和实践工作具有至关重要的意义。通过对本课程的学习,学生将掌握水文科学的核心概念和基本原理。这些基础理论知识不仅有助于学生建立起对水文现象的科学认知,还能够为他们后续深入学习水文科学的各个分支领域提供坚实的基础。例如,学生将学习到水文循环的基本原理、水体的分类与特征、水文数据的收集与分析方法等内容,这些都是进一步探究水文科学问题所必需的基础知识。通过实验、实习等教学实践环节,学生将学会如何运用所学知识解决实际问题,提高他们的动手能力和创新思维能力。例如,学生将有机会参与到水文观测、水资源评价等实际项目中,通过亲身实践来加深对理论知识的理解,并培养独立分析和解决问题的能力。通过深入理解地球上各种水体的特征、形成、运动变化及地理分布规律,学生将能够更全面地认识水资源在地球系统中的地位和作用。这将有助于他们树立起正确的水资源观念,增强保护水资源的意识,并为将来从事与水资源相关的研究、管理等工作奠定坚实的基础。同时,这种跨学科的综合性思维方式也将有助于学生在面对复杂问题时能够提出创新性的解决方案。

## 二、水的基本性质与分布

### (一)水的独特物理与化学性质

水的物理性质是其最直观的表现,水能够在固态、液态和气态之间自由转化,这一特性使得水能够在不同的环境条件下以不同的形态存在,从而适应了多样化的自然环境。例如,在高山之巅,水以固态的冰或雪的形式存在;在平原河流中,它是流动的液态;而在大气中,它又可以是看不见的水蒸气。这种三态转化的能力,使得水在地球的各个角落都发挥着重要作用。除了三态转化,水的其他物理性质也同样引人注目。其独特的热学性质,如高比热容,使得水能够吸收和释放大量的热量而温度变化不大,这对于维持生态系统的稳定至关重要。同时,水的密度变化也是其独特性质之一,水在4摄氏度时达到最大密度,这一特性影响了海洋中温盐环流的形成,进而影响了全球气候。此外,水的颜色和透明度也是其重要的物理特征,清澈透明的水体往往意味着良好的水质和生态环境。

## （二）水的化学性质与全球分布

水分子由两个氢原子和一个氧原子组成,这种结构决定了其独特的化学性质。例如,水能够溶解多种物质,成为地球上许多化学反应的媒介。课程中对水的化学组成进行了详细解析,揭示了水分子间的氢键作用及其对水性质的影响。更进一步地,探讨了水的矿化过程。在自然界中,纯水是不存在的,水总是与各种溶解的矿物质共存。这些矿物质来源于岩石的风化、土壤的淋溶等过程,它们溶解在水中,改变了水的化学性质。根据矿物质含量的不同,水可以被分为不同类型,如硬水、软水等。这些分类不仅反映了水的化学特性,也与其在实际应用中的效果密切相关。在理解了水的化学性质后,进一步探讨了地球上水的分布特征。水广泛分布于地球的各个角落,从广阔的海洋到细小的溪流,从高耸的山峰到深邃的地下洞穴。海洋作为地球上最大的水体,其水量巨大且盐度较高;而陆地水则包括河流、湖泊、冰川等多种形式,其水量和水质因地域和环境条件的不同而有所差异;大气水则以水蒸气的形式存在,对气候变化和降水过程起着关键作用。这些不同形式的水体相互关联、相互影响,共同构成了地球上复杂多变的水循环系统。

## 三、水循环与水量平衡

### （一）水循环的基本过程与层次结构

水循环,作为地球上水资源分布和再分配的重要机制,其涉及的一系列复杂过程是课程的重点内容。水循环从蒸发开始,这是地表水体转化为水蒸气的过程,主要受到温度、湿度、风速等多种环境因素的影响。随着水蒸气的升空,遇冷后凝结形成云,进而在一定条件下转化为降水,包括雨、雪、冰雹等形式,重新回到地表。这一环节对于补充地表和地下水资源至关重要。降水后,一部分水分会直接形成地表径流,汇入河流、湖泊等水体;另一部分则通过下渗作用进入土壤和岩层,补充地下水。下渗过程不仅影响地表水的流向和流量,还对土壤湿度、植被生长等有着重要影响。同时,地下水也会通过泉水出露、地下径流等方式再次回到地表水系统,形成一个完整的循环。水循环不仅发生在地表和大气之间,还涉及不同尺度的层次结构。在局部尺度上,如小流域或农田系统,水循环主要影响土壤湿度、作物生长等;在区域尺度上,水循环则与地形地貌、气候条件等紧密相关,影响着河流的水量和水质;而在全球尺度上,水循环更是与全球气候变化、海平面变化等重大环境问题息息相关。

## (二)水量平衡及其在水资源管理中的意义

水量平衡是水文学中的一个核心概念,它描述了在一定时间和空间范围内,水的输入与输出之间达到的动态平衡状态。课程中引入水量平衡的概念,并利用通用水量平衡方程和全球水量平衡方程进行计算,使学生深刻理解水循环过程中水量的动态变化。

通用水量平衡方程通常表达为:

降水量=蒸发量+流出量-流入量+蓄水量变化

这一方程揭示了在一个封闭系统内,水分的增减是如何达到平衡的。通过实际应用这一方程,学生可以分析不同区域或流域的水量平衡状况,进而评估水资源的可持续利用潜力。全球水量平衡方程则考虑了全球范围内的水分交换,包括海洋、陆地和大气之间的水分转移。这一方程有助于理解全球气候变化对水资源分布和循环的影响,以及人类活动如何干扰这一平衡。水量平衡概念及其计算方法的掌握,对于学生未来从事水资源评价、规划和管理等工作具有不可或缺的意义。它不仅能够帮助学生科学地评估一个区域或流域的水资源状况,还能够指导他们制定合理的水资源管理策略,确保水资源的可持续利用。例如,在水资源紧缺的地区,精确计算水量平衡可以优化灌溉制度,提高用水效率;在城市规划中,考虑水量平衡可以确保城市供水系统的可靠性和稳定性。

## 四、蒸发与降水

### (一)蒸发的深入探究及其在水循环中的重要性

蒸发作为水循环的起始环节,其物理机制和影响因素的复杂性一直是水文学研究的重点,课程中系统阐述蒸发的科学原理,使学生深刻理解了这一过程的内在机制。水面蒸发、土壤蒸发和植物散发等不同类型的蒸发过程,均受到温度、湿度、风速、太阳辐射及水体或土壤特性等多种因素的共同影响。例如,水面蒸发主要受到气温和水温差异、水面风速及水体盐度等因素的影响;而土壤蒸发则与土壤湿度、土壤类型及植被覆盖情况密切相关。在蒸发量的计算方法方面,课程中介绍了多种实用的估算方法,如通过气象观测数据推算的经验公式、基于物理过程的模型模拟等。这些方法不仅有助于学生掌握蒸发量的定量分析方法,还为他们后续从事水资源评价和管理工作提供了实用的技术手段。通过对蒸发的深入探究,学生不仅能够理解蒸发在水循环中的关键作用,还能够进一步认识到蒸发对地表水和地下水动态平衡的影响。蒸发的强弱直接影响着地表水体的水量变化,同时也是地下水补给的重要来源之一。因此,准确估算蒸发量对于水资源规划和管理具有重要意义。

### (二)降水的系统介绍及其对水资源的多维影响

降水作为水循环中的另一关键环节,其形成过程和类型多样性同样备受关注,课程中详细阐述了降水的形成机制,包括云层的形成、水汽的凝结及降水粒子的生长和下落等过程。同时,课程还介绍了降水的多种类型,如雨滴降水、雪晶降水及混合态降水等,并分析了它们在不同气候条件下的分布特征和变化规律。在降水量的计算方法方面,课程重点介绍了面降水的估算方法,包括雨量站观测数据的插值处理、遥感降水估算技术等。这些方法的应用不仅提高了降水量的估算精度,还为区域水资源评价和洪水预报等提供了重要数据支持。降水对地表水和地下水的影响是多方面的。首先,降水是地表水体的重要补给来源,直接影响着河流、湖泊等水体的水量和水位变化。其次,降水通过下渗作用补充地下水,对地下水资源的形成和分布起着决定性作用。此外,降水的强度和分布还直接影响着洪涝灾害的发生频率和危害程度。

## 五、下渗与径流

### (一)下渗过程的深入解析及其对水资源的影响

下渗是指水分通过土壤表层向下渗透的过程,它受到土壤特性、降水量、植被覆盖及前期土壤湿度等多种因素的影响。例如,土壤质地和结构决定了其渗透能力,砂质土壤通常比黏土质土壤具有更强的渗透性;而降水量和强度则直接影响下渗的速率和深度。在下渗量的计算方法方面,课程介绍了多种实用的技术和模型,如基于达西定律的渗透系数法、经验公式法等。这些方法不仅有助于学生理解下渗过程的定量特征,还为他们提供了在实际工作中估算下渗量的有效工具。下渗在土壤水分补给和地下水形成中扮演着至关重要的角色。它是土壤水分的主要来源之一,对于维持土壤湿度、促进植被生长具有关键作用。同时,下渗还是地下水补给的重要途径,通过长期稳定的下渗过程,地表水得以转化为地下水,从而丰富了地下水资源。因此,通过对下渗过程的深入学习和理解,学生能够更加全面地认识水资源在地表与地下之间的转化机制,为后续的水资源评价、规划和管理提供科学依据。

### (二)径流过程的系统介绍及其对水资源动态的影响

径流是指水流在地表或地下沿着一定路径流动的现象,它包括地表径流和地下径流两种类型。地表径流主要是指雨水或融雪水在地表形成的流动水体,如河流、溪流等;而地下径流则是指地下水在岩层或土壤中的流动。课程详细讲解了径流的形成机制,包括降雨产生的超渗产流和蓄满产流等过程,以及地下水的补给、径流和排泄机制。同时,还介绍了径流量的计算方法,如通过流量观测数据推算、水文学模型模拟等手段来估算径流量。径流对水资源的动态变化具有显著影响。地表径流直接影响着河流、湖泊等水体的水量和水质,是水资源评价和管理的重要依据。而地下径流则对地下水资源的分布和动态变化起着决定性作用,它不仅是地下水开采的主要来源,还影响着地表水体的补给和排泄。通过本课程对径流的系统介绍,学生能够更加深入地理解水资源的形成、分布和变化规律。这将有助于他们在未来的水资源管理工作中做出更加科学、合理的决策,以实现水资源的可持续利用和保护。同时,对径流过程的深入了解也为他们进一步探究水文循环、水环境保护等领域提供了坚实的基础。

# 第三节　水质科学与工程基础课程

## 一、水质科学基础

### （一）水质的化学特性

#### 1. 水的化学成分及关键指标分析

课程首先着眼于水的这一基础属性,详细介绍了水分子结构及其与其他物质的相互作用,进而引出水的化学成分这一概念。水的化学成分不仅包括水中溶解的各种无机盐类,如钙、镁、钠、钾等离子的盐类,还包括溶解的有机物质,如腐殖质、蛋白质等。这些成分的存在与浓度直接影响着水的化学性质和使用价值。在探讨水的化学成分的基础上,课程进一步引入了酸碱平衡、溶解氧、营养盐等关键指标。酸碱平衡是水质评价中的重要参数,它反映了水体的酸碱程度,对水生生物的生存和繁殖具有显著影响。溶解氧则是衡量水体自净能力的重要指标,其含量的高低直接关系到水生生物的呼吸作用和有机物的分解速率。而营养盐,作为水体中生物生长所必需的元素,其浓度的适宜与否直接决定了水体的生态状况。为了使学生能够更好地理解和掌握这些关键指标,课程还详细介绍了各种化学分析方法。通过实验操作,学生可以亲手测定水样的酸碱度、溶解氧含量和营养盐浓度,从而加深对这些指标实际意义的理解。

#### 2. 水中污染物的来源与迁移转化规律

水中污染物的来源广泛而复杂,主要包括工业废水、农业排水、生活污水及大气沉降等。这些污染源中含有大量的有毒有害物质，如重金属离子、有机污染物和放射性物质等，它们进入水体后会对水质造成严重影响。课程还详细讲解了这些污染物在水体中的迁移转化规律。污染物进入水体后，会经历稀释、扩散、吸附、解吸、沉淀、溶解等一系列物理化学过程。同时，在水生生物的作用下，部分污染物还会发生生物降解或生物转化。这些过程共同决定了污染物在水体中的最终归宿和生态效应。通过对水中污染物来源与迁移转化规律的深入学习，学生可以更加全面地认识水体污染问题的严重性和复杂性，从而为其未来从事水环境保护工作奠定坚实的理论基础。

### 3. 水质化学特性对人体健康和生态环境的影响

水质的化学特性不仅关系到水的使用价值和生态状况，还直接影响着人体健康和生态环境的可持续发展，从人体健康的角度来看，水质的化学特性直接关系到饮用水的安全性。例如，水中过高的重金属离子浓度会导致人体中毒，甚至引发严重的健康问题；而溶解氧含量过低的水则可能滋生有害微生物，增加饮用水的卫生风险。因此，了解和掌握水质的化学特性对于保障饮用水安全至关重要。从生态环境的角度来看，水质的化学特性对水生生物的生存和繁衍具有决定性影响。例如，酸碱度的变化可能导致水生生物生理功能紊乱甚至死亡；营养盐的过量输入则可能引发水体富营养化现象，导致藻类大量繁殖并消耗水中的溶解氧，最终造成水生生物大量死亡和水体生态失衡。因此，维护水质的化学稳定性对于保护生态环境具有重要意义。

## （二）水质的物理特性

### 1. 水质的物理特性的测定方法与原理

浊度,作为水质物理特性的重要指标之一,主要反映了水中悬浮微粒的多少。这些微粒可能是泥土、砂粒、有机物质、微生物等,它们的存在使得水体呈现出浑浊的状态。课程详细介绍了浊度的测定方法,其中最为常用的是散射光法。该方法利用浊度仪测定水样对光的散射程度,从而间接得知水中悬浮微粒的多少。原理在于,当光线穿过含有悬浮微粒的水样时,会发生散射现象,散射光的强度与微粒的数量和大小成正比。因此,测量散射光的强度可以准确地反映出水样的浊度。色度是描述水体颜色的物理量,它通常由水中的溶解性有机物、无机物或悬浮物引起。色度的测定方法主要有铂钴比色法和稀释倍数法。铂钴比色法是通过与标准色列比较来确定水样的色度,其原理在于水样中的有色物质会吸收特定波长的光,从而导致透射光强度的变化;而稀释倍数法则是通过逐渐稀释水样,直至其颜色与无色水相近,从而确定水样的色度。这些方法不仅操作简便,而且具有较高的准确性和重现性。嗅味是人们对水体气味的主观感受,它通常与水中存在的某些特定物质有关。例如,腐殖质分解产生的硫化氢、氨等气体会给水体带来不愉快的气味。嗅味的评定主要依赖于人的嗅觉器官,因此具有一定的主观性。然而,由训练有素的人员进行嗅味评定,并结合化学分析方法对水样中的气味物质进行定量测定,可以更加客观、准确地评价水质的嗅味特性。

### 2. 物理特性与水质安全的关系

浊度的高低直接影响着水质的清澈度和透明度,进而关系到水质的整体安全性。高浊度的水体往往含有较多的悬浮微粒,这些微粒可能携带有害物质,如重金属、细菌等。当人体摄入这些被污染的水时,可能会对健康造成危害。此外,高浊度还会影响水体的自净能力,使得水中的污染物难以被有效去除。因此,降低水体的浊度是提高水质安全性的重要手段之一。色度的异常往往意味着水中存在有色污染物质,这些物质可能是工业废水、农业排水或生活污水中的成分。这些有色物质不仅会影响水体的美观度,还可能对人体健康产生潜在威胁。例如,某些染料和颜料类物质具有毒性或致癌性,长期摄入含有这些物质的水可能会对人体造成损害。因此,对色度的监测和控制也是保障水质安全的重要环节。嗅味的异常通常与水中存在的气味物质有关,这些物质可能是有机物分解的产物、化学污染物或微生物代谢产物。不愉快的气味不仅会影响人们对水体的感官体验,还可能提示着水体受到了污染。例如,硫化氢的臭鸡蛋味通常意味着水体中可能存在硫酸盐还原菌的活动,这些细菌可能将硫酸盐还原为硫化氢,从而对水质造成不良影响。因此,对嗅味的监测和评价也是及时发现水质问题、保障水质安全的有效手段之一。

### 3. 实验操作与仪器使用技能的培养

通过实验操作环节,学生可以亲手进行浊度、色度、嗅味等物理特性的测定实验,从而加深对测定方法和原理的理解。同时,课程还介绍了相关仪器的使用方法、注意事项及维护保养知识,确保学生能够熟练掌握这些技能并应用于实际工作中。这些实验操作经验和仪器使用技能会为学生未来从事水质检测、环境监测等领域的工作奠定坚实的基础。

## （三）水质的生物特性

### 1. 水中生物的种类与生态习性

水中的微生物包括细菌、真菌、藻类和原生动物等。这些微生物在水生生态系统中扮演着分解者、生产者和消费者的角色，共同参与着物质循环和能量流动。例如，细菌能够分解有机物，释放出无机盐供其他生物利用；藻类则能进行光合作用，产生氧气和有机物。这些微生物的种类和数量变化，往往能够直接反映出水质的状况。例如，某些特定种类的细菌或藻类的爆发性增长，可能指示着水体富营养化或污染的问题。浮游生物主要指在水中漂浮生活的微小生物，包括浮游植物（如藻类）和浮游动物（如轮虫、原生动物等）。这些生物对水环境的变化极为敏感，其种类和数量的变化可以作为水质状况的指示器。例如，蓝藻的暴发往往意味着水体中氮、磷等营养盐含量过高，导致水质恶化。底栖生物是指生活在水体底部的生物群落，包括底栖动物（如贝类、昆虫等）和底栖植物。这些生物与水底的沉积物密切相关，它们的存在和分布可以反映出水底环境的状况。例如，某些底栖动物的减少或消失可能意味着水底环境的恶化，如缺氧、有毒物质积累等。

### 2. 生物监测方法在水质评估中的应用

与传统的理化监测方法相比，生物监测方法具有综合性、长期性和敏感性的优势。观察和记录水中生物的种类、数量和生态习性，可以间接推断出水质的整体状况。在实际应用中，生物监测方法通常包括以下几个步骤：首先，选择适当的生物指标，如浮游生物的种类和数量、底栖生物的多样性等；其次，定期采集水样，并对水样中的生物进行鉴定和计数；最后，根据生物指标的变化趋势，结合其他理化指标,综合评估水质状况。生物监测方法不仅能够反映水质的即时状况,还能够揭示水质的历史变化趋势和潜在问题。例如,某些耐污种类生物的增多可能预示着水质正在恶化;而敏感种类的消失则可能意味着水质已经受到严重破坏。因此,生物监测方法在水质评估中具有重要的应用价值。

**3. 生物修复技术在改善水质方面的应用**

生物修复技术是一种利用微生物或植物的降解作用来去除或转化水体中的污染物的方法,与传统的物理化学处理方法相比,生物修复技术具有成本低、无二次污染等优势。在实际应用中,生物修复技术主要包括微生物修复和植物修复两种类型。微生物修复是通过投放高效降解菌或激活土著微生物来降解水体中的有机物或重金属等污染物。这种技术适用于处理含有难降解有机物或重金属的废水。而植物修复则是利用水生植物(如芦苇、香蒲等)的吸收和转化作用来去除水体中的营养盐和重金属等污染物。这种技术适用于处理富营养化水体或轻度污染的水体。合理地选择和搭配不同的生物修复技术可以针对不同类型的水质问题进行有效的治理和改善。同时,随着生物技术的不断发展,未来生物修复技术将在水质改善领域发挥更加重要的作用。

## 二、水质工程基础

### (一)水处理技术

**1. 传统水处理技术的深入解析**

(1)混凝

混凝是水处理中的初步阶段,主要是添加混凝剂使水中的微小悬浮物和胶体物质凝聚成较大的颗粒,便于后续的沉淀和去除。

课程中会深入探讨不同混凝剂的作用机理、最佳投加量及混凝过程中的影响因素。

（2）沉淀

沉淀是通过重力作用使水中悬浮的固体颗粒沉降到底部的过程。课程将分析不同类型的沉淀池（如平流式、竖流式、辐流式等）的工作原理和设计要点，同时讨论如何提高沉淀效率。

（3）过滤

过滤是通过介质（如砂、活性炭等）截留水中的悬浮物和杂质，从而进一步净化水质。课程将讲解过滤介质的选择、过滤速度的控制及反冲洗等关键操作。

（4）消毒

消毒是确保水质安全的最后一步，通常使用氯、臭氧、紫外线等方法杀灭或去除水中的病原微生物。课程将分析不同消毒方法的优缺点，以及消毒过程中可能产生的副产物问题。通过对这些传统技术的深入学习和实践操作，学生能够全面了解它们在水处理中的基础作用和重要性。

**2. 新型水处理技术的探索与应用**

（1）膜分离技术

膜分离是利用具有选择透过性的膜材料，通过压力差、浓度差或电位差等驱动力，实现水中溶质和溶剂的分离。课程将详细介绍反渗透、纳滤、超滤和微滤等不同类型的膜分离技术，以及它们在海水淡化、污水处理和回用等领域的应用。

（2）高级氧化技术

高级氧化技术是通过产生具有强氧化能力的自由基（如羟基自由基），无选择性地氧化降解水中的有机污染物。课程将讲解臭氧氧化、芬顿氧化、光催化氧化等高级氧化方法的原理和实践应用，以及它们在难降解有机物处理和微污染水源净化中的优势。通过学习这些新型技术，学生能够拓宽视野，了解水处理领域的前沿动态，为未来从事相关工作打下坚实的基础。

**3. 污泥处理与处置的全方位了解**

（1）污泥的减量化

课程将介绍如何通过优化工艺参数、改进设备结构等措施，减少污泥的产生量。同时，还将探讨污泥浓缩、脱水等减容处理方法，以降低后续处置的难度和成本。

（2）污泥的稳定化与无害化

稳定化是指通过生物、化学或物理方法，降低污泥中有机物的可降解性和生物活性，防止其在处置过程中产生二次污染。无害化则是指去除或减少污泥中的有毒有害物质，使其达到安全处置的标准。课程将详细讲解厌氧消化、好氧发酵、热解气化等稳定化与无害化处理方法。

（3）污泥的资源化利用

随着循环经济和可持续发展理念的深入人心，污泥的资源化利用已成为行业发展的重要趋势。课程将介绍污泥在土地利用、建材利用和能源利用等方面的潜力和前景，以及相关的技术路线和政策支持。

（二）水质监测与管理

**1. 水质监测的关键环节与技能掌握**

水质监测的首要任务是合理布点和精确采样，布点需综合考虑水源类型、水体功能、污染状况及监测目的等多重因素，确保监测数据的代表性和有效性。采样则要求严格遵守无菌操作规范,避免样品在采集过程中受到污染。课程将详细介绍不同水体的布点原则和采样方法,并通过实地操作演练,帮助学生掌握这一关键技能。样品的保存和运输是水质监测中不可或缺的环节,不同水质参数对保存条件有着严格的要求,如温度、光照、保存剂等,任何疏忽都可能导致样品性质发生变化,进而影响监测结果的准确性。因此,课程将重点强调样品保存和运输的规范操作,确保学生能够在实践中准确执行。数据处理与分析是水质监测的核心环节,课程将系统介绍数据整理、统计分析、质量评价等方法和流程,同时引入现代数据分析软件,帮助学生高效处理和分析监测数据。通过对监测数据的深入挖掘,学生不仅能够评估水质状况,还能发现潜在的水质问题,为水质管理提供科学依据。

**2. 水质管理的政策法规与标准体系**

涉及水质管理的政策法规众多,如《水污染防治法》《饮用水水源保护区污染防治管理规定》等。课程将对这些政策法规进行深入解读,帮助学生理解其背后的立法宗旨和实施要求。通过对政策法规的学习,学生将能够在实际工作中更好地遵循相关法规,确保水质管理的合法性和合规性。水质标准是水质管理的重要依据。课程将详细介绍我国现行的水质标准体系,包括地表水环境质量标准、地下水质量标准、饮用水卫生标准等。通过对各项标准的详细解读和比较,学生能够全面了解不同水体类型的水质要求,为未来的水质监测和管理工作奠定坚实基础。

**3. 应急响应机制与实际问题解决能力提升**

面对突发水质污染事件,快速有效的应急响应至关重要。课程将深入探讨水质污染应急响应机制的构建与实施,包括应急预案的制定、应急资源的整合、应急队伍的建设及应急演练的开展等。通过学习,学生能够在实际工作中迅速应对突发水质污染事件,最大程度地降低污染造成的损失和影响。课程不仅注重理论知识的学习,更强调实践能力的培养。通过引入大量实际案例和模拟演练,课程将帮助学生将所学知识应用于实际问题的解决中。学生将在分析案例、制定解决方案的过程中锻炼自己的思维能力和实践能力,从而更好地应对未来工作的挑战。

# 第四节　给排水设备与技术基础课程

## 一、给水设备与技术

### (一)水源与取水设备

#### 1. 水源类型的多样性与选择依据

水源是给水系统的起点,其类型多样,主要包括地表水和地下水两大类,地表水水源广泛,如江河、湖泊、水库等,具有水量充沛、更新迅速的特点。然而,地表水易受自然环境和人为活动的影响,水质变化较大,因此需要加强水质监测和处理工作。地下水则相对封闭,受外界干扰较小,水质通常较为稳定。但地下水开采成本较高,且过度开采可能导致地质环境问题。在选择水源时,必须综合考虑水量、水质和地理条件等多个因素。首先,要确保水源的水量能够满足给水系统的需求,特别是在用水高峰期和干旱季节。其次,水质是选择水源的关键指标之一。优质的水源可以简化后续处理工艺,降低运行成本;而劣质的水源则会增加处理难度和费用,甚至可能对供水安全构成威胁。最后,地理条件也是不可忽视的因素。水源地的地理位置、地形地貌和气候条件等都会影响到取水构筑物的设计和运行。

**2. 取水构筑物的设计原则与运行管理策略**

取水构筑物是连接水源和给水系统的桥梁,其设计合理与否直接影响到取水的可靠性和经济性,在设计取水构筑物时,应遵循以下原则:一是安全性原则,确保构筑物在各种极端情况下都能保持稳定运行,防止结构破坏或设备故障导致的取水事故。二是经济性原则,通过优化设计方案和选用高效设备,降低构筑物的建设成本和运行费用。三是可持续性原则,考虑到未来水源条件的变化和给水系统的发展需求,设计应具有足够的灵活性和可扩展性。在运行管理方面,取水构筑物需要定期进行维护检查和设备更新,以确保其始终处于最佳工作状态。同时,针对可能出现的各种突发情况,应制定完善的应急预案和响应机制,确保在第一时间发现并解决问题。此外,随着信息技术的发展,智能化和自动化技术在取水构筑物的运行管理中发挥着越来越重要的作用。引入先进的监测仪器和控制系统可以实现对取水过程的实时监控和自动调节,进一步提高取水的效率和安全性。

## (二)给水处理技术

### 1. 给水处理技术的基本原理与操作方法

给水处理技术的基本原理是通过物理、化学或生物方法,去除或降低原水中的有害物质,提高水质。具体而言,混凝技术主要是向水中投加混凝剂,使水中的悬浮颗粒和胶体物质凝聚成较大的颗粒,便于后续沉淀和分离。沉淀技术则是利用重力作用,使水中较重的颗粒沉降到水底,从而与水分离。消毒技术则是向水中加入消毒剂,如氯、臭氧等,杀灭或去除水中的病原微生物,确保水质安全。在操作方法上,各种给水处理技术都有其特定的工艺流程和操作要点。例如,在混凝过程中,需要合理选择混凝剂种类和投加量,并控制适当的搅拌速度和时间,以实现最佳的混凝效果。在沉淀过程中,需要设计合理的沉淀池结构和运行参数,以确保颗粒的有效沉降。在过滤过程中,需要选择合适的过滤介质和过滤速度,并定期清洗和更换过滤介质,以保持过滤效果。在消毒过程中,需要严格控制消毒剂的投加量和接触时间,以确保消毒效果并避免消毒剂的残留。

**2. 给水处理技术的实践应用与合理选择**

学生通过理论学习和实验操作,将深入了解各种给水处理技术的优缺点及适用条件,例如,混凝技术可以有效地去除水中的悬浮颗粒和胶体物质,但可能产生大量的污泥;沉淀技术可以去除较重的颗粒,但对于轻质颗粒和溶解性污染物的去除效果有限;过滤技术可以进一步去除水中的悬浮物和微生物,但需要定期清洗和更换过滤介质;消毒技术可以杀灭水中的病原微生物,但可能产生消毒副产物。在实践应用中,学生需要根据原水水质和处理要求,合理选择和组合处理技术。例如,对于含有大量悬浮颗粒和胶体物质的原水,可以采用混凝和沉淀技术进行处理;对于需要去除微生物的原水,可以在混凝、沉淀和过滤后采用消毒技术进行处理。同时,学生还需要考虑处理成本、运行管理和环境影响等因素,以制定经济、高效且环保的给水处理方案。

## （三）给水泵站与管网

### 1. 给水泵站的组成、工作原理与运行管理

给水泵站是给水系统的心脏,负责将水从水源地抽取并加压输送至用户,它由多个关键部分组成,包括水泵、电机、进出水管道、阀门、控制系统等。这些部分协同工作,确保水能够顺畅、稳定地流向各个用水点。在工作原理上,给水泵站主要依赖于水泵的抽吸和加压作用。水泵通过叶轮旋转产生的离心力,将水从低处抽吸至高处,并通过出水管道输送到用户端。电机则为水泵提供动力,确保其连续、稳定地运转。控制系统则负责监测和控制整个泵站的运行状态,包括水泵的启停、转速调节、故障报警等,以确保泵站的安全、高效运行。在运行管理方面,给水泵站需要重点关注以下几个方面:一是设备的定期检查与维护,确保水泵、电机等关键设备处于良好状态;二是运行参数的实时监测与调整,如水泵的转速、压力、流量等,以确保供水稳定且满足用户需求;三是应急预案的制定与实施,以应对可能出现的设备故障、停电等突发情况,确保泵站的快速恢复与供水安全。

### 2. 给水管网的设计原则、水力计算方法与材料选择

给水管网是给水系统的血脉,负责将水从泵站输送至各个用水点,其设计原则主要遵循经济性、安全性和可靠性。经济性要求管网布局合理、管材选用恰当,以降低建设成本;安全性则强调管网应能承受正常运行时的水压和水流冲击,确保无泄漏和爆裂风险;可靠性则要求管网设计应考虑到未来城市发展和用水需求的变化,具有一定的扩展性和灵活性。在水力计算方面,给水管网需要运用流体力学原理和方法,对管网中的水流状态进行精确分析。

这包括确定各管段的流量、流速、水压降等参数,以确保整个管网的水力平衡和供水稳定。水力计算可以优化管网布局和管径选择,降低能耗和运行成本。在材料选择上,给水管网应选用符合国家标准和行业规范的优质管材和附件。常见的管材包括铸铁管、钢管、塑料管等,它们各自具有不同的优缺点和适用场景。附件则包括阀门、水表、消火栓等,用于控制水流方向、测量水量和提供消防用水等。合理的材料选择不仅可以保证管网的运行安全和耐久性,还可以提高供水的质量和效率。

## 二、排水设备与技术

### (一)排水体制与排水管网

#### 1. 分流制与合流制排水体制的比较与选择

分流制排水体制的核心思想是将雨水和污水分别通过不同的管道系统排放。这种体制的优点在于能够更有效地处理不同类型的废水,减少污水处理厂的负担,并降低环境污染的风险。特别是在雨水较多的地区,分流制能够避免大量雨水进入污水处理系统,从而提高处理效率并降低运营成本。然而,分流制的实施需要更为复杂的管网布局和更高的初期投资。相比之下,合流制排水体制则是将雨水和污水通过同一管道系统排放。这种体制在初期投资和管网维护方面相对简单,特别是在干旱少雨的地区,其经济性更为明显。但合流制的缺点在于,雨水和污水的混合可能导致处理难度增加,特别是在雨季,大量的雨水稀释了污水浓度,可能影响污水处理厂的运行效率。在选择排水体制时,需综合考虑地区的气候条件、地形地貌、城市规划及经济和环境因素。例如,在多雨地区,分流制可能更为合适,以减轻雨水对污水处理系统的冲击;而在干旱地区,合流制可能因其经济性而更具吸引力。

**2. 排水管网的布局、定线与水力计算**

在布局阶段,需要综合考虑地形、城市规划、现有基础设施及未来发展的需要。合理的布局能够减少管网长度,降低投资成本,并提高排水效率。定线则涉及具体管道的路径选择,应尽量避免穿越重要建筑物或地质复杂区域,以减少施工难度和潜在的安全风险。水力计算是排水管网设计的核心环节。精确计算管道内的水流速度、压力和流量等参数,可以确保管道尺寸、坡度和材料的选择满足设计要求。水力计算的准确性直接关系到排水系统的运行效率和可靠性。例如,在管道设计中,如果水流速度过低,可能导致固体沉积和堵塞;而速度过高,则可能引发冲刷和磨损问题。因此,水力计算不仅需要精确的数学模型,还需要丰富的工程经验和实地数据支持。

## (二)污水处理技术

### 1. 污水处理技术的基本原理与应用场景

物理处理技术:物理处理技术是污水处理的基础环节,主要通过物理作用去除污水中的悬浮物、沉淀物和漂浮物。常见的物理处理方法包括格栅过滤、沉砂池沉淀和浮选等。这些方法利用不同物质的密度、粒径和沉降速度等物理性质的差异,实现污染物的有效分离。物理处理技术适用于污水的预处理阶段,能够减轻后续生物处理和化学处理的负担。

生物处理技术:生物处理技术是利用微生物的代谢作用,将污水中的有机物转化为无机物,从而实现净化目的。根据微生物的种类和反应条件的不同,生物处理技术可分为好氧处理和厌氧处理两大类。生物处理技术具有处理效果好、运行成本相对较低等优点,广泛应用于城市污水处理厂和工业废水处理站。

化学处理技术:化学处理技术是通过向污水中投加化学药剂,利用化学反应去除或转化污染物的方法。常见的化学处理方法包括中和、混凝、沉淀、氧化还原等。这些方法能够有效去除污水中的重金属离子,难降解有机物和氮、磷等营养物质。化学处理技术通常作为辅助手段,与其他处理技术相结合,以提高整体处理效果。

**2. 污水处理技术的运行参数与控制要点**

运行参数:运行参数是影响污水处理效果的关键因素,包括进水水质、水力停留时间、污泥龄、溶解氧浓度等。这些参数需要根据污水的特性和处理目标进行合理设定。例如,在好氧生物处理过程中,适当的溶解氧浓度是保证微生物正常生长和有机物高效降解的重要条件。

控制要点:为了确保污水处理系统的稳定运行,必须严格控制各个处理单元的操作条件。这包括定期监测和调整进水 PH 值、合理控制污泥回流比和排放比、优化曝气装置的布置和运行方式等。此外,还需要建立健全的污水处理设备维护和管理制度,确保设备的正常运行和延长使用寿命。

(三)污泥处理与处置

**1. 污泥处理与处置技术的最新进展**

污泥浓缩技术主要是通过物理或化学方法,减少污泥中的水分含量,为后续处理提供便利。目前,高效浓缩池、带式浓缩机等技术已得到广泛应用。稳定化过程则是通过生物、化学或物理方法,减少污泥中的有机物含量,降低其生物活性,从而使其更加稳定。脱水技术则是进一步降低污泥的含水率,减少其体积和重量,便于运输和处置。近年来,随着机械脱水、热干化等技术的发展,污泥脱水效率得到了显著提升。资源化利用是实现污泥可持续处理的重要途径。污泥中富含有机质和营养元素,可作为肥料或土壤改良剂使用。此外,污泥中的生物质能也可通过厌氧消化等技术转化为生物燃气等可再生能源。在无害化处置方面,焚烧、填埋等方法仍是当前的主要选择。然而,随着技术的进步,高温熔融、超临界水氧化等新型无害化技术也逐渐展现出其应用潜力。

**2. 污泥处理与处置的环保意义**

污泥中含有大量的有机物、重金属和病原体等污染物,若未经妥善处理直接排放,将对环境和人类健康造成严重威胁。浓缩、稳定和脱水等技术处理,可有效去除污泥中的污染物,降低其环境风险。同时,资源化利用和无害化处置可进一步确保污泥的安全处理,避免二次污染的发生。污泥的资源化利用不仅解决了废物处理问题,还能实现资源的有效回收。将污泥转化为肥料、土壤改良剂或生物质能等,不仅节约了自然资源,还促进了生态系统的良性循环。这种循环利用的模式符合可持续发展的理念,有助于推动绿色经济的发展。随着污泥处理与处置技术的不断进步和创新,相关产业也迎来了升级换代的机遇。新型处理技术的研发和应用不仅提高了污泥处理的效率和效果,还为相关产业链的发展注入了新的活力。这将有助于推动整个环保产业的持续发展和技术革新。

# 第三章 给排水专业技能课程体系设计

## 第一节 专业技能课程的目标与任务

### 一、课程目标

#### (一)培养专业基础技能

在给排水专业技能课程中,夯实专业基础是至关重要的第一步,这意味着学生需要深入理解和掌握给排水工程的基本理论、设计原则和施工方法。这些基本理论和原则如同建筑的根基,稳固而深入地扎根于学生的知识体系中,为后续的专业发展提供坚实的支撑。具体而言,学生需要系统学习水力学的基本原理,理解水流运动的规律和特性,这是给排水工程设计的基础。同时,对水泵与泵站的工作原理、性能参数及选型方法也要有深入的了解,因为这是确保给排水系统正常运行的关键环节。此外,给水管网和排水管网的布局原则、设计计算方法及施工安装要点也是学习的重点,它们直接关系到给排水系统的效率和稳定性。通过对这些基本理论和设计原则的深入学习,学生能够对给排水工程建立起全面而深入的认识,为后续的实践操作和工程设计奠定坚实的基础。

## (二)提升实践操作能力

### 1. 实验与实训环节中的技能培养

在给排水专业技能课程中,实验与实训环节是理论教学的延伸和补充,更是培养学生实践操作能力的重要途径。通过实验环节,学生能够亲身参与并观察到给排水系统中的各种物理、化学和生物过程,从而加深对理论知识的理解。例如,在水处理实验中,学生可以通过操作实验设备,观察不同处理工艺对水质的影响,进而理解各种处理技术的原理和应用条件。实训环节则更加注重学生动手能力的培养。在实训环节中,学生将学会如何使用专业的工具和设备,掌握给排水系统的安装、调试、运行和维护等实际操作技能。这些技能对于学生未来从事给排水工程相关工作具有至关重要的作用。通过反复练习和操作,学生能够熟练掌握各种专业技能,为未来的职业发展打下坚实的基础。

### 2. 课程设计与实际工程项目中的问题解决能力锻炼

课程设计是给排水专业技能课程中另一个重要的实践教学环节,在这一环节中,学生需要将所学的理论知识综合运用到实际工程设计中,完成从理论到实践的转化。通过课程设计,学生不仅能够巩固和拓展所学知识,还能够培养解决实际工程问题的能力。在课程设计过程中,学生需要独立思考、分析问题并提出解决方案,这对其问题解决能力和创新思维的培养具有积极的促进作用。此外,给排水专业技能课程还鼓励学生积极参与实际工程项目。通过参与实际工程,学生能够接触到真实的工程环境和复杂的工程问题,从而更加深入地了解给排水工程领域的实际需求和挑战。在实际工程项目中,学生需要与团队成员紧密合作,共同解决问题,这不仅能够锻炼其团队协作能力,还能够提高其解决实际问题的能力。这种基于实际工程项目的实践教学方式,对于培养学生的职业素养和综合能力具有显著的效果。

## (三)培养工程设计与创新能力

### 1. 理论与实践的融合:工程设计中的知识应用与问题解决

给排水工程设计课程强调理论与实践的融合,旨在通过工程设计实践使学生深化对理论知识的理解和应用。在设计课程中,学生需要综合运用所学的水力学、水泵与泵站、给水管网、排水管网及水处理技术等专业知识,解决实际工程中的问题。在工程设计实践中,学生需要面对各种实际问题和挑战,如地形地貌的复杂性、水质水量的变化性、工程经济的合理性等。通过分析和解决这些问题,学生能够更加深入地理解给排水工程设计的实际需求和难点,从而提升其解决实际问题的能力。同时,设计过程中的实践操作也为学生提供了将理论知识与工程实践相结合的机会,有助于他们形成更加完整和系统的专业知识体系。

### 2. 创新思维的培养:设计出符合规范要求且具有创新性的方案

给排水工程设计课程不仅要求学生能够运用所学知识解决实际问题,还鼓励他们发挥创新思维,设计出既符合规范要求又具有创新性的给排水方案。这对学生未来的职业发展具有重要意义,因为创新是推动给排水领域技术进步和工程发展的重要动力。在设计过程中,教师需要引导学生关注新技术、新材料和新设备的应用,鼓励他们尝试不同的设计思路和方法。通过创新实践,学生能够培养起敏锐的创新意识和实践能力,为未来的工程设计和技术研发奠定基础。同时,设计中的创新性要求也能够激发学生的探索精神和求知欲,促使他们不断学习和进步。此外,给排水工程设计课程还注重培养学生的团队协作和沟通能力。在设计过程中,学生需要与团队成员共同讨论、协作完成设计任务。这不仅有助于他们形成良好的团队合作精神,还能够提高他们的沟通能力和组织协调能力。这些非技术性能力的培养对学生未来的职业发展具有重要意义。

## (四)增强职业素养与责任意识

### 1. 工程设计的基本原理与方法:从理论到实践的桥梁

给排水工程设计课程首先聚焦于教授学生工程设计的基本原理和方法,包括了解给排水系统的基本构成、设计参数的选择、水力计算、材料选用及施工图的绘制等多个方面。在这一过程中,学生需要综合运用所学的水力学、材料学、工程制图等多学科知识,实现从理论到实践的顺利转化。更重要的是,工程设计不仅仅是理论知识的应用,更是对学生解决实际问题能力的考验。学生需要针对具体的工程背景、地理环境、用户需求等因素,进行合理的系统布局和设计优化。例如,在面对复杂的地形地貌或是特殊的用水需求时,如何确保给排水系统的稳定性、经济性和可持续性,都需要学生进行深入的思考和实践。

### 2. 设计与创新能力的培养:为未来职业发展蓄势

在现代工程建设中,创新是推动行业发展的核心动力。因此,课程鼓励学生发挥创新思维,尝试设计出既符合现行规范要求,又具有创新性和实用性的给排水方案。这种创新不仅仅体现在对新材料、新技术的应用上,更包括对传统给排水系统设计理念的更新和优化。例如,引入智能化控制系统,实现对给排水系统的实时监控和自动调节,从而提高系统的运行效率和稳定性。或者是在面对水资源日益紧张的现状下,如何设计出更加节水、节能的给排水系统,都是对学生创新能力的重要考验。此外,设计与创新能力的培养还为学生未来的职业发展提供了有力的支持。随着科技的进步和行业的发展,给排水领域对专业人才的要求也在不断提高。具备强大设计与创新能力的学生,无疑将在激烈的职场竞争中占据有利地位。

## 二、课程任务

### (一)传授专业知识与技能

课程致力于深入剖析给排水系统的基本原理,这涵盖了水流的物理特性、水质的化学分析及水生态系统的生物学基础等多个方面。通过对这些基本原理的讲解与探讨,学生能够建立起对给排水工程领域的全面认知,为后续的专业学习奠定坚实基础。课程设计强调实践性与应用性的结合,在传授设计计算、设备选型、施工安装等专业知识的同时,课程注重培养学生的实践操作能力。通过实验、实训及工程项目实践等多种教学方式,学生能够将理论知识转化为实际操作技能,从而在未来的职业生涯中更加游刃有余。

### (二)培养分析与解决问题能力

给排水专业技能课程在培育学生时,特别重视对其分析与解决问题能力的培养,这是因为在给排水工程实践中,工程师所遭遇的问题常常具有复杂性和多变性,所以要求他们必须具备敏锐的思维和扎实的技能以应对各种挑战。为了实现这一目标,课程特意设计了案例分析、课程设计等实践教学环节。在案例分析中,学生将接触到真实的工程案例,这些案例通常涵盖了广泛的领域和复杂的问题情境。通过对这些案例的深入剖析,学生不仅能够加深对理论知识的理解,更能够学会如何在实际问题中灵活运用所学知识,从而逐步培养出独立思考和解决问题的能力。此外,设计环节也是培养学生问题分析与解决能力的重要途径。在这一环节中,学生需要综合运用所学知识,完成一个实际工程的设计任务。这一过程不仅要求学生具备扎实的专业基础,更需要他们具备创新思维和解决问题的能力。通过不断地实践和挑战,学生的分析与解决问题能力将得到显著的提升。

### (三)塑造团队合作精神与沟通协调能力

给排水专业技能课程在塑造学生专业素养的过程中,高度重视对团队合作精神和沟通协调能力的培养。这是因为给排水工程项目往往涉及多个专业领域,需要多人协作才能顺利完成。在这样的背景下,具备良好的团队合作精神和沟通协调能力显得尤为重要。为了达成这一目标,给排水专业技能课程精心设计了小组作业、团队项目等多样化的教学形式。在小组作业中,学生被划分为若干小组,每个小组需要共同完成特定的任务。这要求学生在小组内部进行合理分工,充分发挥各自的专业优势,同时相互支持,共同攻克难题。通过这样的实践过程,学生不仅能够深刻体会到团队合作的重要性,还能够在实践中逐步培养出卓越的团队合作精神。此外,团队项目也是培养学生沟通协调能力的有效途径。在团队项目中,学生需要与其他团队成员进行密切合作,共同推进项目的进展。这要求学生必须具备良好的沟通能力,能够准确传达自己的想法,同时倾听他人的意见,寻求最佳的解决方案。通过不断地沟通与协调,学生不仅能够提升自己的沟通能力,还能够学会如何在团队中发挥自己的作用,为团队的成功贡献力量。

### (四)引导关注行业前沿与技术发展

给排水专业技能课程在培养学生时,不仅注重传授基础知识和技能,还高度重视引导学生关注行业前沿与技术发展。这是因为给排水技术作为一个持续进步和创新的领域,新的工艺、设备和材料不断涌现,对从业人员提出了更高的要求。为了使学生能够适应这种快速发展的行业环境,课程特意设计了相关的教学环节,以激发学生对新技术、新方法的兴趣和热情。通过引入最新的研究成果和技术动态,课程帮助学生了解给排水领域的创新趋势,从而培养他们的前瞻性思维和创新意识。此外,课程还鼓励学生主动跟踪新技术的发展,培养他们自主学习和终身学习的能力。通过定期举办学术讲座、技术研讨会等活动,学生有机会与业界专家面对面交流,深入了解行业发展的最新动态,从而拓宽视野,增强自身的竞争力。

# 第二节　给水工程设计与实施技能课程

## 一、课程的基础理论与知识构建

### (一)水力学基础知识:流体物理、流动状态与能量转化

流体,作为一种能够流动的物质,其物理性质与固体有着显著

的不同。例如,流体的密度、黏性和可压缩性等特性,都会直接影响到流体的运动状态和力学行为。对于给水系统而言,了解这些物理性质,有助于更准确地预测和控制水流的运动。在流体力学中,流动状态可分为层流和湍流两种。层流状态下,流体微团之间互不混合,流线清晰可辨;而在湍流状态下,流体微团之间则会发生剧烈的混合和能量交换。这两种流动状态在给水系统中都有可能出现,因此学生需要学会如何识别和判断不同的流动状态,以便在设计中采取相应的措施。在给水系统中,水流的能量通常包括势能、动能和压力能等多种形式。这些能量之间可以相互转化,并且转化过程中遵循能量守恒定律。学生需要深刻理解这一原理,以便在给水系统设计中合理利用和优化能量转化过程。

## (二)水泵与泵站原理:工作原理、性能曲线及选择方法

在给水工程中,水泵与泵站是确保水流顺畅输送的关键设备,在给水工程设计与实施技能课程中,学生需要深入了解水泵与泵站的工作原理。不同类型的水泵,如离心泵、轴流泵等,其工作原理各不相同。例如,离心泵通过叶轮的高速旋转产生离心力,从而将水吸入并加压输出;而轴流泵则通过叶轮的旋转推动水流沿轴向流动。学生需要明确这些原理,以便在实际应用中能够正确选择和使用水泵。此外,学生还需掌握水泵的性能曲线。性能曲线是描述水泵在不同工况下性能表现的图形化表示,包括流量、扬程、功率和效率等参数。通过分析性能曲线,学生可以了解水泵在不同运行条件下的性能特点,为给水系统设计提供重要参考。在选择水泵时,学生需要考虑多种因素,如流量需求、扬程要求、电源条件及环境因素等。正确选择水泵能够确保其在实际运行中发挥

最佳性能,同时降低能耗和维护成本。因此,学生需要学会综合运用所学知识,根据实际情况进行合理选择。

## (三)给水管网设计理论:布局原则、水力计算方法及优化策略

给水管网是城市供水系统的重要组成部分,其设计质量直接关系到供水的可靠性和经济性。在给水工程设计与实施技能课程中,学生需要深入学习给水管网的布局原则。合理的布局能够确保水流顺畅输送,减少能耗和漏损,提高供水效率。学生需要了解如何根据城市规划和用水需求来确定管网的走向、管径和泵站位置等关键参数。同时,学生还需掌握水力计算方法。水力计算是给水管网设计的核心环节之一,通过计算,确定各管段的流量、压力和水头损失等关键指标。学生需要学会运用合适的计算公式和软件工具进行准确的水力计算,以确保管网设计的合理性和可靠性。为了提高管网的输水效率和可靠性,学生还需要学习优化策略。例如,通过优化泵站运行方式、调整管网结构或采用新型管材等措施来降低能耗和减少漏损。这些优化策略能够帮助学生设计出更加高效、节能和环保的给水管网。

水质工程学知识:水源保护、水处理工艺及水质标准

在给水工程中,保障供水水质的安全与卫生是至关重要的,在给水工程设计与实施技能课程中,学生需要熟悉水质工程学知识,水源保护是确保供水水质的前提。学生需要了解如何合理规划和保护水源地,防止污染和过度开发对水源造成破坏。这包括了解水源地的生态环境、水文地质条件及潜在的污染源等因素。学生需要掌握水处理工艺的基本原理和方法,水处理工艺旨在去除水中的杂质和污染物,提高水质的纯净度和安全性。学生需要了解

不同的水处理技术,如混凝、沉淀、过滤、消毒等,并学会根据原水水质和处理目标选择合适的工艺组合。水质标准是衡量供水水质是否达标的重要依据。学生需要了解国家和地方的水质标准要求,以便在设计和实施过程中确保供水水质符合相关规定。同时,学生还需要关注水质监测和评估方法,以便及时发现和解决水质问题。

## 二、实践技能的培养与提升

### (一) 实验操作技能

实验室环境下的水泵性能测定和管网水力特性实验,不仅是学生加深理论知识理解的重要途径,更是锻炼其实验数据分析能力的关键环节。水泵性能测定实验旨在让学生亲身了解并掌握水泵的工作原理、性能参数及影响因素。在实验过程中,学生通过实际操作,能够直观地观察到水泵在不同工况下的运行状态,如流量、扬程、转速和功率等参数的变化情况。通过对实验数据的收集、整理和分析,学生可以进一步验证理论知识的正确性,并探究各种因素对水泵性能的影响规律。这种实践与理论相结合的教学方法,不仅有助于巩固学生的理论基础,更能培养其独立思考和解决问题的能力。与此同时,管网水力特性实验也是不可或缺的一部分。该实验旨在让学生深入了解给水管网中的水流运动规律、压力分布特性及能量损失情况。在实验过程中,学生需要自行设计并搭建实验管网,调整不同的运行参数,观察并记录管网中各测点的压力、流量和水头损失等数据。通过对这些数据的分析,学生可以揭示出管网水力特性的内在规律,为后续的实际工程设计提供有力支撑。在实验操作技能的培养过程中,教师还应注重引导学生养成良好的实验习惯和严谨的科学态度。这包括实验前的充分准备、实验过程中的仔细观察和记录,以及实验后的数据分析和总结等环节。通过不断地实践锻炼,学生的实验操作技能将得到显著提升,为其未来从事给水工程相关领域的研究和工作奠定坚实基础。

## (二)课程设计实践

课程设计实践不仅是对学生所学理论知识的综合运用,更是培养学生实际工程设计能力和优化思维的重要手段。在这一环节中,学生需要完成从水源选择到管网布置、水泵选型等全过程的给水系统设计任务。水源选择是给水系统设计的起点,学生需要综合考虑水源的水量、水质、地理位置和开采条件等多方面因素,以确保所选水源能够满足城市的用水需求并保证供水的可持续性。在这一过程中,学生不仅需要运用所学的水文地质和水资源评价知识,还需要具备跨学科的综合分析能力和前瞻性的战略眼光。管网布置是给水系统设计的核心环节之一。学生需要根据城市的规划布局、用水需求分布和水源条件等因素,合理规划管网的走向、管径和泵站位置等关键参数。在布置过程中,学生需要运用所学的水力学、工程经济学和城市规划等知识,以确保管网设计的合理性、经济性和可行性。同时,学生还需要考虑未来城市发展的不确定性,为管网的扩展和改造预留足够的空间。水泵选型是给水系统设计的另一个关键环节。学生需要根据管网的输水需求、扬程要求和运行条件等因素,选择合适的水泵类型和规格。在水泵选型过程中,学生需要充分了解各种水泵的工作原理、性能特点和适用范围,以便在实际应用中能够发挥水泵的最佳性能并降低能耗。通过全过程的给水系统设计实践,学生可以全面锻炼自己的工程设计能力和优化思维。他们不仅需要综合运用所学的理论知识，还需要学会如何在实际工程中发现问题、分析问题和解决问题。这种以实践为导向的教学模式，将有助于培养出既具备扎实理论基础又具备丰富实践经验的优秀给水工程专业人才。

### （三）实地考察与实习

在给水工程设计与实施技能课程中，实地考察与实习环节对于提升学生的实践能力和职业素养具有不可替代的作用。组织学生参观实际给水工程现场，他们可以直观地了解到工程实施过程中的各种问题和解决方法，从而加深对理论知识的理解和应用。实地考察不仅让学生有机会亲身接触和了解真实的给水工程设施，还能使他们在现场工程师的讲解和指导下，对给水系统的各个组成部分、工艺流程和运行管理有更深入的认识。这种学习方式极大地增强了学生的学习兴趣和参与度，同时也为他们后续的课程设计和毕业设计提供了宝贵的实践经验。实习环节则是让学生有机会在实际工作环境中锻炼自己的专业技能和团队协作能力。在实习期间，学生将参与到给水工程的日常运行、维护和管理中，与工程师们一起解决实际问题，从而提升自己的实践能力和职业素养。这种与职场无缝对接的学习方式，不仅让学生更加明确自己的职业定位和发展方向，也为他们未来顺利融入职场奠定了坚实的基础。

# 第三节　排水工程设计与运维技能课程

## 一、排水工程设计基础理论

### (一)排水工程设计基础理论的跨学科性与综合性

排水工程设计基础理论不仅涉及流体力学、水文学、环境工程等多个学科领域,还融合了土木工程、化学工程及计算机科学等多个相关学科的知识和技术。这种跨学科性和综合性要求学生具备广泛的知识背景和深厚的理论基础。在流体力学方面,学生需要理解流体在管道中的运动规律,掌握流体压力、流量、流速等基本参数的计算方法,以及流体在复杂管网中的分配和调控原理。在水文学方面,学生应了解水文循环的基本过程,熟悉降雨径流的形成机制,以及洪涝灾害的成因和防治措施。而在环境工程领域,学生则需深入研究污水和雨水的收集、传输、处理和排放技术,以及这些技术对环境质量和生态系统的影响。为了有效地整合这些跨学科知识,排水工程设计基础理论课程通常采用系统工程的方法,将各个组成部分和环节相互关联起来,形成一个完整、有机的知识体系。这种综合性的学习方法有助于学生全面、深入地理解排水工程设计的本质和要求,为后续的专业学习和职业发展奠定坚实的基础。

### (二)排水系统的基本原理与核心要素

排水系统作为城市基础设施的重要组成部分,其基本原理和核心要素是排水工程设计基础理论课程的重点内容。学生需要深入理解污水和雨水的收集、传输、处理和排放等过程,以及这些过程之间的相互关系和影响因素。在污水收集方面,学生应熟悉城市排水管网的布局和结构,了解不同类型管道的适用条件和性能特点,掌握污水收集的基本原则和方法。在雨水收集方面,则需要关注城市雨水的资源化利用问题,探讨雨水收集技术与城市水循环系统的融合发展。在传输环节,学生需要学习如何根据流体的物理特性和管网的实际情况,合理选择管径、管材和泵站等关键设备,以确保流体在管网中的高效、安全传输。同时,还需要关注管网运行过程中的能耗问题,探索节能减排的有效途径。处理环节是排水系统的核心部分,涉及物理处理、化学处理、生物处理等多种技术方法。学生需要深入了解各种处理技术的原理和应用范围,掌握处理工艺的设计和优化方法,以提高污水和雨水的处理效率和质量。在排放环节,学生应关注排水系统对环境的影响问题,学习如何制定合理的排放标准和监测方案,以确保排水系统的环境友好性和可持续性。

## (三)理论与实践相结合的学习方法

通过案例分析、课程设计等实践环节,学生可以将所学的理论知识应用于实际工程中,从而加深对知识的理解和记忆,并培养解决实际问题的能力。通过分析不同城市的排水系统案例,学生可以了解各种设计方案的优缺点、实施过程中的问题和挑战及解决方案的有效性。这种学习方式不仅可以帮助学生积累宝贵的实践经验,还可以激发其创新思维和解决问题的能力。在课程设计过程中,学生需要根据给定的条件和要求,独立完成排水系统的设计工作。这包括现场调研、数据收集、方案制定、计算分析及成果展示等多个步骤。通过课程设计实践,学生可以全面锻炼自己的专业技能和综合素质,为后续的职业发展做好充分的准备。

## 二、排水管网设计与优化

### (一)排水管网设计的关键要素

在进行排水管网设计时,学生必须首先掌握一系列关键要素,这些要素不仅影响管网的布局和结构,还直接关系到其运行效率和可靠性。城市的发展规划、功能分区及人口密度等,都是决定排水管网设计的基础。例如,商业密集区与居住区在排水需求上存在显著差异,这就要求管网设计能够灵活应对,满足不同区域的特定需求。地势的高低起伏、河流湖泊的分布及土壤渗透性等自然因素,对排水管网的布局和走向产生深远影响。合理利用地形优势,可以有效减少管网建设的成本,同时提高排水效率。降雨强度、频率及季节性变化等气候特征,是排水管网设计不可忽视的因素。特别是在极端天气事件频发的背景下,如何确保管网在暴雨等恶劣条件下的稳定运行,成为设计师必须面对的重要课题。

### (二)排水管网设计面临的挑战

技术挑战主要体现在管网水力模型的构建与分析上,由于城市排水系统是一个复杂的动态系统,受多种因素共同影响,因此建立准确可靠的水力模型至关重要。这要求学生具备扎实的流体力学基础,能够熟练运用相关软件工具进行模拟分析。经济挑战则与管网建设的投资和效益密切相关,如何在有限的预算内实现管网性能的最大化,是设计师需要精心考虑的问题。这涉及管材的选择、管径的确定及泵站等配套设施的合理配置等多个方面。环境挑战主要源于排水过程对环境的影响,如何减少污水排放对自然水体的污染,提高雨水的资源化利用率,是当代排水管网设计必须关注的重点。此外,随着城市化进程的加速,城市热岛效应等环境问题也对排水管网的设计提出了新的要求。社会挑战则体现在管网设计与公众利益的协调上,排水管网的建设往往涉及土地征用、交通疏导等复杂的社会问题。因此,设计师在制定方案时,必须充分考虑公众的意见和需求,确保项目的顺利实施和社会的和谐稳定。

### (三)排水管网设计的优化策略

一是加强前瞻性规划。在设计过程中,应充分考虑未来城市发展的需求和趋势,预留足够的管网容量和扩展空间。这要求设计师具备敏锐的洞察力和战略眼光,能够准确预判城市发展的方向和速度。二是注重技术创新与应用。随着科技的不断进步,新型管材、智能监测技术等创新成果为排水管网设计提供了更多可能。学生应密切关注行业动态,积极引进先进技术,提高管网设计的科技含量和智能化水平。三是强化多部门协同与公众参与。排水管网设计涉及多个部门和利益群体的协作。建立有效的沟通机制和协作平台可以确保各方利益的均衡和项目的顺利推进。同时,积极听取公众的意见和建议,增强项目的透明度和公信力,也是提升设计质量的重要途径。

## 三、排水泵站与污水处理厂设计

### (一)排水泵站与污水处理厂的工作原理与设计要点

排水泵站的主要功能是提升和输送污水或雨水,确保其能够顺畅地进入下一处理环节或排放至指定区域。在学习过程中,学生首先需要了解不同类型泵站(如干式泵站、湿式泵站等)的工作原理及适用场景。例如,在地势低洼、易涝区域,可能需要采用具有自排与强排相结合功能的泵站,以确保在极端天气条件下的排水需求。与此同时,泵站的设计要点也不容忽视。这包括泵站的选址(需考虑地质条件、周边环境及远期规划等因素)、泵型选择(应基于流量、扬程、效率等关键参数进行综合分析),以及电气与自控系统设计(需确保泵站的安全、稳定与智能化运行)。学生应通过案例分析与实践操作,逐步掌握这些设计技能。污水处理厂则更为复杂,它涉及多种物理、化学和生物处理技术的综合运用。学生需要熟悉各种处理工艺(如活性污泥法、A2/O 工艺、MBR 工艺等)的原理、优缺点及适用范围。在设计过程中,应根据原水水质、处理目标、场地条件及经济成本等多方面因素,选择最合适的处理工艺组合。此外,污水处理厂的布局与配置也是设计的关键环节。这包括各处理单元的相对位置、高程布置、管线连接及辅助设施(如鼓风机房、加药间、污泥处理区等)的合理配置。学生应通过课程设计等实践活动,逐步培养起全局观念与协调能力,以确保整个处理流程的顺畅与高效。

## (二)排水泵站与污水处理厂设计的综合效益评估

在追求处理效率的同时,如何平衡能耗、环境影响及经济效益等多方面因素,是排水泵站与污水处理厂设计的又一大挑战。学生应学会运用系统工程的思想,对设计方案进行综合效益评估。例如,在泵站设计中,可以通过优化泵型选择与配置、采用变频器等节能设备,以及实施智能化控制策略等措施,有效降低能耗。同时,还应关注泵站运行过程中产生的噪声、振动等对周边环境的影响,并采取相应的减振降噪措施。在污水处理厂设计中,除了追求高标准的出水水质外,还应注重污泥处理与处置、废气治理及节能降耗等方面的问题。例如,可以通过优化污泥处理流程、采用热能回收技术,以及实施中水回用等措施,提高资源利用效率并减少环境污染。通过综合效益评估,学生可以更加全面地了解设计方案的优劣,从而为后续的优化与改造提供有力支撑。

### (三)排水泵站与污水处理厂的运行管理策略

学生需要了解泵站与污水处理厂在运行过程中可能遇到的各种问题与挑战,并学会制定相应的应对策略。在泵站运行管理方面,应重点关注设备的日常维护与保养、故障诊断与排除,以及安全生产等方面的内容。例如,可以建立定期巡检制度,对泵站内的关键设备进行状态监测与性能评估;同时,还应加强应急预案的制定与演练,确保在突发事件发生时能够迅速响应并妥善处理。对于污水处理厂而言,运行管理的复杂性更高。除了常规的设备维护与检修外,还需要关注生物处理单元的稳定性与调控、污泥处理与处置的安全性及出水水质的持续达标等问题。因此,学生应学会运用先进的在线监测技术、智能化控制系统及专业的管理软件等工具,提高污水处理厂的运行管理水平与效率。

## 四、排水系统运维管理

### (一)制订科学的运维计划

一个完善的运维计划应该包括日常巡检、定期维护、应急抢修等多个方面,以确保系统的每一个环节都能得到及时、有效的关注和处理。日常巡检是运维计划中最基础也最重要的一环。定期对排水系统的各个关键节点进行巡视和检查,可以及时发现潜在的安全隐患和设备故障,从而采取相应的措施进行预防或修复。巡检的内容包括但不限于管道是否破损、泵站设备是否正常运行、水质是否达标等。定期维护则是为了保持排水系统的长期稳定运行而进行的必要工作。这包括对设备进行定期的保养、清洗、调试等,以确保其性能处于最佳状态。同时,定期维护还包括对系统的整体性能进行评估和调优,以应对可能出现的各种变化和挑战。应急抢修则是在系统出现故障或突发事件时进行的紧急处理。为了应对这类情况,运维计划中应明确应急响应的流程、责任人及所需的资源和设备。定期进行应急演练和培训可以提升团队在紧急情况下的应变能力和协作效率。

## (二)充分运用现代信息技术手段

物联网、大数据分析等技术的引入,不仅提高了运维的效率和质量,还为系统的智能化和自动化升级提供了可能。物联网技术的应用使得排水系统的各个设备和节点都能够实现实时的数据监测和传输。安装传感器和智能设备可以实时获取管道流量、水质指标、设备状态等信息,从而实现对系统的精准掌控。这大大减少了人工巡检的频率和成本,提高了问题的发现和处理速度。大数据分析技术则能够对收集到的海量数据进行深度挖掘和分析,为运维管理提供更为科学、准确的决策支持。对历史数据进行分析可以预测系统可能出现的问题和故障,从而提前制定相应的预防措施。同时,大数据分析还可以帮助优化系统的运行模式和参数设置,提高整体的运行效率和节能减排效果。

## (三)探索系统持续改进与创新

排水系统的运维管理不仅是一个日常的、例行的工作,更是一个需要持续改进和创新的过程。随着城市的发展和环境的变化，排水系统面临着越来越多的挑战和压力。因此，运维管理人员需要保持敏锐的市场洞察力和技术前瞻性，不断探索新的解决方案和管理模式。在节能减排方面，可以引入新型的节能设备和技术、优化系统的运行策略等方式，降低排水系统的能耗和碳排放；同时，还可以积极探索雨水的资源化利用途径，如雨水收集、净化后用于城市绿化或工业用水等，从而实现水资源的可持续利用。在技术创新方面，可以结合人工智能、机器学习等前沿技术，研发智能化的运维管理系统。实现对排水系统的自动监控、故障诊断和预警预测等功能，进一步提高运维管理的智能化水平和效率。探索与其他城市基础设施（如供水系统、电力系统等）的联动和协同管理模式，以构建更加智慧、高效的城市基础设施体系。

# 第四节　水处理技术与设备选型技能课程

## 一、水处理技术的基本原理

### （一）物理方法在水处理中的应用及学习要点

物理方法主要是通过物理过程，如过滤、沉淀、吸附等，去除水中的悬浮物、胶体杂质等。这些方法不改变水的化学性质，而是通过物理作用实现杂质的分离和去除。

过滤技术：过滤是通过介质（如砂、活性炭等）的孔隙截留水中杂质的过程。学生在学习时，应重点掌握不同滤料的性能特点，如粒径、孔隙率、吸附能力等，以及这些性能对过滤效果的影响。同时，还需了解过滤设备的结构和工作原理，以便在实际操作中能够合理选用和调整。

沉淀技术:沉淀是利用重力作用使水中悬浮颗粒下沉的过程。学生需要了解沉淀的基本原理和影响因素,如颗粒大小、密度、沉降速度等。此外,对于不同类型的沉淀池(如平流式、竖流式等),学生应掌握其结构特点和使用场合,以便在实际工程中合理选用。

吸附技术:吸附是利用固体表面(如活性炭)对水中溶解性杂质或胶体颗粒的吸附作用进行去除的过程。在学习过程中,学生应关注吸附剂的种类、性能及其再生方法,了解吸附过程的动力学和热力学原理,为吸附技术的实际应用提供理论依据。

## (二)化学方法在水处理中的原理及学习重点

化学方法主要是通过化学反应来改变水的性质,包括调节 pH 值、去除有害物质、消毒等。这些方法能够有效处理水中的溶解性杂质和有毒有害物质。

### 1. pH 值调节

水的 pH 值对其腐蚀性和生物活性有重要影响。学生应学习如何通过添加酸碱物质来调节水的 pH 值,以满足特定需求。同时,还需了解 pH 值变化对水中其他杂质去除效果的影响。

### 2. 化学沉淀与氧化还原

向水中投加化学药剂,使杂质发生沉淀或氧化还原反应而去除。学生需要掌握各种常用药剂的性质、作用机制和使用条件,以及反应过程中可能产生的副产物及其处理方法。

### 3. 消毒技术

消毒是利用物理或化学手段杀灭或去除水中的病原微生物的过程。在学习消毒技术时,学生应关注不同消毒方法(如氯消毒、臭氧消毒、紫外线消毒等)的原理、优缺点及适用场合,以确保水处理过程的安全性和有效性。

## (三)生物方法在水处理中的原理及学习要点

生物方法主要是利用微生物的代谢作用来处理水中的有机物和某些无机物。这些方法具有成本低、无二次污染等优点,在废水处理中得到广泛应用。

### 1. 活性污泥法

活性污泥法是通过培养好氧微生物(活性污泥)来降解水中有机物的过程。学生在学习时,应了解活性污泥的组成、培养方法及影响因素,掌握污泥龄、污泥负荷等关键参数的计算与调整方法。

### 2. 生物膜法

生物膜法是利用附着在固体表面(如滤料、填料等)上的微生物群落来降解水中有机物的方法。学生需要熟悉生物膜的形成过程、影响因素及生物膜反应器的设计与运行管理要点。

### 3. 厌氧生物处理

厌氧生物处理是在无氧条件下利用厌氧微生物降解有机物的方法。在学习过程中,学生应关注厌氧微生物的种类、代谢途径及其对环境条件的要求,了解厌氧生物处理技术的优缺点及适用范围。

## 二、设备选型的关键要素

### (一)处理效果

#### 1. 深入理解设备的处理效果

学生需要对各种水处理设备的处理效果有全面而深入的了解,包括但不限于设备对特定污染物的去除效率、处理过程中的副产物生成情况,以及设备在不同水质条件下的性能表现。为了获得这些信息,学生可以查阅相关文献、参加学术交流活动,或亲自参与实验研究。在理解设备处理效果时,学生还应注意到不同设备之间的性能差异。例如,有的设备可能对某些类型的污染物具有较高的去除率,而对其他类型的污染物则效果欠佳。因此,学生需要学会根据目标水质标准和水源的实际污染情况,来评估不同设备的适用性和优劣。此外,学生还应关注设备处理效果的稳定性。在实际运行中,水处理设备可能会受到多种因素的影响,如进水水质波动、操作条件变化等。这些因素可能导致设备处理效果的不稳定,甚至引发处理失效。因此,学生需要了解设备在各种可能条件下的性能表现,以便在选型时做出更为稳健的选择。

#### 2. 准确把握实际需求进行选择

学生应明确目标水质标准对各项指标的具体要求,如浊度、化学需氧量(COD)、总磷等。这些要求将直接决定所选设备需要具备的处理能力和性能特点。学生需要对水源的实际污染状况进行详尽的分析,包括确定主要污染物的种类和浓度、评估污染物的可处理性,以及预测未来可能的污染变化。这些信息将有助于学生选择能够针对性去除特定污染物的设备,并确保设备在实际运行中的处理效果。学生还需考虑水处理系统的整体运行需求,这包括设备的运行成本、维护便捷性、占地面积等因素。通过综合考虑这些因素,学生可以选择出既满足水质处理要求又符合实际运行条件的理想设备。

## (二)成本效益

### 1. 全面评估设备的成本构成

在选型时,学生应首先对设备的成本构成进行全面而细致的评估,包括设备的初投资、运行费用及维护成本等关键要素。初投资主要涉及设备的购置、安装和调试等一次性支出;运行费用则与设备在使用过程中消耗的能源、药剂及其他日常开支密切相关;而维护成本则涵盖设备的定期检查、维修保养及可能的部件更换等费用。为了准确评估这些成本,学生需要综合运用市场调研、技术分析和经济评估等方法。例如,通过收集不同供应商的价格信息,学生可以对比同类设备的初投资差异;通过分析设备的性能参数和运行数据,学生可以预测其未来的运行费用;而通过了解设备的维护要求和历史维修记录,学生则可以估算其维护成本。

### 2. 追求高性价比的设备选择

性价比是一个综合性指标,它要求学生在满足处理效果的前提下,综合考虑设备的成本效益。具体来说,学生需要寻找那些在性能上能够满足或超越预期处理效果,同时在成本上又相对较低的设备。为了实现这一目标,学生可以采取多种策略。首先,他们可以关注市场上的新兴技术和创新设备。这些新技术和设备往往能在提高处理效果的同时降低运行成本。其次,学生可以与供应商进行深入的技术交流和商务谈判,以争取获得更优惠的价格和更全面的服务支持。最后,学生还可以考虑采用组合式或模块化的设备配置方案,以便根据实际需求灵活调整设备规模和功能,从而实现成本的最优化。

### (三)可操作性与稳定性

#### 1. 设备的操作与维护便利性

高度自动化的设备能够减少人工操作的复杂性和频次,降低操作失误的风险,同时提高处理效率。例如,一些先进的水处理设备配备了自动控制系统,能够根据水质变化自动调节处理参数,保持出水质量的稳定。此外,自动化设备还能提供远程监控和故障诊断功能,便于管理人员随时掌握设备运行状况,及时发现并解决问题。同时,设备的维修便利性也是选型时需要考虑的重要因素。易于维护的设备通常具有简洁的结构设计、方便的部件更换流程及完善的维修支持体系。这样的设备在发生故障时,能够迅速恢复正常运行,减少停机时间,降低维修成本。因此,学生在选型时应详细了解设备的维护要求,包括定期保养的周期、易损件的更换周期及维修服务的响应速度等,以确保所选设备具备良好的可维护性。

#### 2. 设备的稳定运行能力

学生在选型时应重点关注设备的故障率及抗干扰能力。低故障率的设备意味着更高的可靠性和更少的维护需求,能够保障水处理系统的持续稳定运行。为了实现这一点,学生需要选择那些经过严格质量控制和耐久性测试的设备,这些设备在设计和制造过程中都充分考虑了长期运行的稳定性和耐用性。此外,设备的抗干扰能力也是评估其稳定运行能力的重要指标。水处理环境往往复杂多变,可能存在各种干扰因素,如水质波动、电源不稳定等。具备强抗干扰能力的设备能够在这些不利条件下保持正常运行,确保出水质量的稳定。因此,学生在选型时应对设备的抗干扰性能进行充分了解,包括其应对突发情况的能力及在不同环境条件下的运行稳定性等。

## (四) 环境友好性

### 1. 能耗指标与节能性

高能耗不仅增加运行成本,还会加剧能源消耗和温室气体排放,对环境造成负面影响。因此,学生在选型时应重点关注设备的能耗指标。具体来说,需要考察设备在处理单位水量或达到特定处理效果时所消耗的能源量。选择能耗低的设备有助于降低整体运行成本,同时减少对环境的负荷。此外,学生还应考虑设备是否具备节能技术或功能。例如,一些先进的水处理设备可能采用变频技术、智能控制系统等,能够根据实际需求动态调整能耗,实现能源的高效利用。选择这类设备不仅有助于节能减排,还能提高能源利用效率,进一步推动环保目标的实现。

### 2. 废水排放与环保标准

在选型过程中,学生应关注设备处理后的废水是否符合相关环保标准。这涉及设备对污染物的去除效率及处理过程中可能产生的二次污染问题。为了确保所选设备的废水排放达到环保要求,学生需要详细了解设备的处理工艺和排放标准。一些高效的水处理设备能够采用先进的处理技术,如膜分离、生物处理等,以实现对污染物的有效去除和废水的达标排放。选择这类设备不仅有助于保护环境,还能避免废水排放不达标所引发的环境问题。

此外,学生还应关注设备在处理过程中是否会产生有害物质或二次污染。某些处理工艺可能会在处理过程中产生新的污染物,如化学药剂的残留等。因此,在选型时,学生需要综合考虑设备的处理效果与环保性能,选择那些既能有效去除污染物又能减少二次污染的设备。

# 第四章 职业标准导向的实践教学体系

## 第一节 实验、实训与实习教学的组织与安排

### 一、实验教学的组织与安排

#### (一)实验内容的选择与设计

**1. 实验内容应涵盖专业核心知识点**

给排水专业涉及的知识体系广泛而复杂,包括水力学、水质工程学、给水排水管网系统等多个方面,在选择和设计实验内容时,必须确保能够全面覆盖这些专业核心知识点。这意味着实验内容不仅应包含基础理论的验证,还应涉及实际工程问题的解决。为实现这一目标,教师需要深入剖析专业课程的知识结构,提炼出关键概念和原理,然后以此为基础构建实验内容。例如,可以设置关于水流特性、水处理工艺、管网水力计算等方面的实验,让学生通过实践来加深对专业知识的理解。同时,教师还应关注行业发展的最新动态,及时将新知识、新技术融入实验教学中,确保实验内容的时效性和前瞻性。

**2. 注重实验的综合性和创新性**

综合性实验能够帮助学生建立知识体系之间的联系,提高他

们解决复杂问题的能力;而创新性实验则可以激发学生的创新思维和探索精神,培养他们的科研素养和创新能力。为实现实验的综合性和创新性,教师可以采取多种策略。例如,可以设计跨学科的综合实验项目,让学生运用多学科知识来共同解决一个实际问题。此外,教师还可以鼓励学生自主设计实验方案,开展探究性实验活动。通过这种方式,学生不仅能够锻炼自己的实践能力和团队协作能力,还能够在探索未知的过程中体验到科研的乐趣和成就感。同时,教师在设计实验内容时,还可以引入一些具有挑战性和争议性的议题,如新型水处理技术的研发与应用、给排水工程中的节能减排等。这些议题不仅能够激发学生的学习兴趣和热情,还能够引导他们关注行业发展的前沿问题,培养他们的社会责任感和使命感。

## (二) 实验设备的配置与更新

### 1. 合理配置实验设备

以满足实验教学需求在给排水专业的实验教学中,实验设备的配置必须根据专业课程的教学大纲和实验要求来合理规划,设备的种类、规格和数量都需要精确匹配实验教学的需求。例如,进行水力学实验时,需要配置相应的水泵、流量计、压力表等设备,以确保学生能够直观地观察和记录水流特性。同样,在进行水质分析实验时,必须配备分光光度计、电导率仪等精密仪器,以准确测定水质参数。合理配置实验设备不仅要求设备种类齐全,还要求设备性能稳定、安全可靠。因此,在选购设备时,应充分考虑设备的品牌信誉、技术规格及售后服务等因素,确保所购设备能够满足实验教学的长期需求。

## 2. 定期更新实验设备以保持先进性和实用性

为了保持实验教学的与时俱进,必须定期更新实验设备。这不仅可以确保学生接触到最新的技术和设备,提高他们的实践能力和就业竞争力,还有助于提升实验教学的质量和效果。在更新实验设备时,应注重设备的先进性和实用性。先进性意味着所选设备应代表当前行业的最新技术水平,能够为学生提供最前沿的实验体验。实用性则要求设备不仅技术先进,而且操作简便、维护方便,适合学生使用。为实现这一目标,学校应加强与行业企业的合作与交流,及时了解市场动态和技术发展趋势。同时,学校还应加大对实验教学的投入,确保有足够的资金用于设备的更新和升级。通过定期更新实验设备,学校可以为学生提供更加优质、高效的实验教学环境,进而培养出更多具备创新精神和实践能力的给排水专业人才。

## (三)实验教学的实施与管理

### 1. 教师在实验教学实施中的引导作用

在实验教学过程中,教师应充分发挥其专业知识和实践经验的优势,对学生进行全面的引导,在实验前,教师需要详细讲解实验目的、原理及操作步骤,帮助学生建立清晰的实验思路。通过预先的讲解和示范,教师可以确保学生对实验内容有充分的理解,从而减少实验过程中的盲目性和错误操作。在实验操作过程中,教师应密切观察学生的操作情况,及时发现并纠正学生的错误。同时,教师还应鼓励学生提问,对他们遇到的问题给予耐心细致的解答。这种互动式的教学方式不仅能够帮助学生解决实验中的具体问题,还能够激发他们的思维活力和探索欲望。此外,教师还应注重培养学生的实验技能和科学素养。通过引导学生分析实验数据、撰写实验报告等方式,教师可以帮助学生提升数据处理和科学表达能力,从而培养他们的综合素质和创新能力。

### 2. 教师在实验教学管理中的安全保障作用

实验教学涉及各种仪器设备和化学试剂的使用,因此安全管理是实验教学中不可忽视的重要环节。在这方面,教师同样需要发挥关键作用。教师应制定严格的实验教学管理制度和安全操作规程,确保学生在实验过程中能够遵循正确的操作方法和安全规范。通过制度化的管理,教师可以有效降低实验过程中的安全风险。在实验教学过程中,教师应始终保持高度的警惕性,对可能出现的安全隐患进行及时排查和处理。例如,教师需要定期检查实验设备的运行状况,确保其处于良好的工作状态;同时,教师还应监督学生对化学试剂的使用和存放情况,防止发生化学泄漏或误用等事故。教师还应加强对学生的安全教育和应急培训。通过向学生传授安全知识和应急处理技能,教师可以帮助他们在遇到突发情况时迅速做出正确反应,从而最大程度地保护自身和他人的安全。

## 二、实训教学的组织与安排

### (一)实训项目的设置与安排

### 1. 实训项目应针对给排水行业的实际需求

给排水行业作为社会基础设施的重要组成部分,其技术要求和操作规范随着社会的不断发展而日益严格。因此,在设置实训项目时,必须紧密结合行业的实际需求,确保所设计的项目能够真实反映当前行业的工作环境和任务要求。为了实现这一目标,教育者需要深入行业一线,进行充分的调研和分析。通过了解行业的最新动态、技术发展趋势及人才需求状况,教育者可以准确把握行业对人才知识和技能的具体要求。在此基础上,结合专业课程的教学内容,教育者可以针对性地设计出既符合行业需求又具有教育价值的实训项目。这类实训项目的实施,能够帮助学生深入理解给排水行业的实际运作情况,熟悉行业的工作流程和操作规范。同时,通过模拟或参与实际项目的操作,学生可以在实践中锻炼和提升自己的专业技能,为将来从事相关工作打下坚实基础。

**2. 实训项目应注重实用性,助力学生掌握专业技能和知识**

一个优秀的实训项目应当能够为学生提供充足的实践机会,帮助他们在动手操作的过程中掌握实际工作中所需的专业技能和知识。为了实现实训项目的实用性,教育者需要精心设计项目的各个环节。从实训目标的明确、任务安排到成果评估,每一个环节都应紧密结合学生的实际情况和行业需求,确保学生能够在实训过程中获得实质性的收获。同时,教育者还应注重实训项目与理论教学的有机结合。通过引导学生在实训过程中运用所学知识进行分析和解决问题,教育者可以帮助学生深化对专业知识的理解,并培养他们的实践能力和创新思维。

## (二)实训基地的建设与利用

### 1. 实训基地建设:提供真实的职业环境

为了确保实训教学的有效性,必须投入足够的资源来构建一个模拟真实职业环境的实训基地。这样的基地应当具备行业标准的设备和工具,能够还原实际工作流程,从而为学生提供一个近乎真实的操作场景。在建设实训基地时,需注重其与实际工作环境的契合度。这意味着基地的设计应参照行业内普遍的工作环境和工作流程,以便学生能够在实训过程中体验到与实际工作相近的压力和挑战。同时,基地还应配备专业的指导教师,他们不仅应具备深厚的理论知识,还应有丰富的行业经验,能够引导学生正确地进行实践操作,解答学生在实训过程中遇到的问题。此外,实训基地的建设还需考虑其可持续性和发展性。随着行业技术的不断更新,基地的设备和教学方法也需要与时俱进。因此,需要建立一套完善的设备更新和教学方法改进机制,确保实训基地始终能够满足行业发展的需求。

**2. 实训基地利用:充分利用行业资源和企业合作机会**

与企业合作可以及时了解行业的最新动态和技术发展趋势,从而调整实训内容和教学方法,确保学生所学知识与行业需求紧密相连。同时,与企业合作还能为学生提供更多的实训机会。通过参与企业的实际项目,学生可以在真实的工作环境中锻炼自己的专业技能,提升解决实际问题的能力。这种合作模式不仅能增强学生的实践能力,还有助于他们建立与行业相关的社交网络,为未来的职业发展奠定坚实基础。此外,与行业资源的紧密结合还能促进教学资源的共享和优化。通过与企业的交流与合作,引入更多的行业专家和优质教学资源,丰富实训课程的内容,提高教学的针对性和实效性。

## (三)实训教学的指导与评估

### 1. 实训教学中的即时指导与反馈机制

指导教师需要具备深厚的专业知识和丰富的实践经验,以便在学生进行实训操作时提供准确的指导。这种指导不仅包括技术层面的操作技巧,还涉及对实验原理、数据处理等方面的深入解析。同时,反馈机制的建立也是不可或缺的。教师应定期对学生的操作过程进行观察和评估,及时发现学生在实训中存在的问题,并给予具体的改进建议。这种反馈需要具有针对性和建设性,旨在帮助学生认清自身的不足,明确改进的方向。通过接受不断的指导和反馈,学生可以及时调整学习策略,纠正操作中的错误,从而更有效地掌握专业技能。

**2. 实训教学评估体系的构建与实施**

实训教学评估体系应涵盖多个维度,包括学生的操作技能、理论知识掌握情况、解决问题的能力及团队协作精神等。评估方法也应多样化,结合定量评估和定性评估,以确保评估结果的客观性和全面性。在评估体系的构建过程中,需要明确各项评估指标和权重,制定合理的评估标准。这有助于教师对学生的实训成果进行公正、客观的评价,同时也为学生提供了一个清晰的努力方向。此外,评估结果应及时向学生反馈,以便他们了解自己的学习情况,及时调整学习策略。实施评估体系时,还应注重过程的监控和结果的运用。通过定期检查和总结评估结果,教师可以发现实训教学中存在的问题,并及时调整教学方法和策略。同时,评估结果还可以作为教学改进和课程优化的重要依据,推动实训教学质量的持续提升。

## 三、实习教学的组织与安排

### (一)实习单位的联系与选择

**1. 积极联系具有行业代表性的实习单位**

为了确保实习教学的质量,教育机构应积极与各行业具有代表性的单位建立联系。这些单位通常处于行业前沿,拥有丰富的实践经验和先进的技术设备,能够为学生提供更加贴近行业实际的实习环境。通过与具有行业代表性的实习单位建立合作关系,教育机构可以及时了解行业的最新动态和发展趋势,从而调整实习教学内容和策略,确保学生所学知识与行业需求紧密相连。同时,这种合作还能为学生提供更多的实践机会,帮助他们在实习过程中深入了解行业运作,提升专业技能和综合素质。为了实现与具有行业代表性单位的合作,教育机构需要主动出击,加强与相关行业的沟通与联系。在定期举办行业研讨会、参与行业展览等活动中,教育机构可以展示自身的教育资源和优势,吸引更多行业单位的关注和合作。此外,教育机构还可以邀请行业专家担任客座教授或实习导师,进一步加深与行业的联系和合作。

**2. 选择提供良好实习环境和专业指导的实习单位**

一个良好的实习环境应包括充足的实践机会、先进的设备设施及和谐的工作氛围,这些因素都将直接影响学生的实习体验和效果。同时,专业的指导人员对于学生的实习成长也至关重要。他们不仅具备丰富的行业经验和专业知识,还能够根据学生的实际情况提供个性化的指导和帮助。在实习过程中,指导人员可以引导学生正确地进行实践操作,解答他们在实习中遇到的问题,从而帮助他们更好地掌握专业技能和提升实践能力。因此,在选择实习单位时,教育机构应综合考虑实习环境和专业指导这两个方面。通过实地考察、与实习单位负责人和指导人员深入交流等方式,教育机构可以全面了解实习单位的实际情况,确保所选择的实习单位能够为学生的实习提供有力支持。

## (二)实习计划的制订与执行

### 1. 依据专业培养目标和实习单位需求,精心制订实习计划

在制订实习计划时,必须紧密结合给排水专业的培养目标和实习单位的具体需求,需要深入分析专业的知识点和技能要求,明确学生在实习过程中需要掌握和提升的核心能力。同时,通过与实习单位的深入沟通,了解其对学生实习的期望和需求,以便使实习内容更加贴近实际工作场景。实习计划应明确列出实习的目标、任务安排和时间节点。目标设定要具体、可量化,以便学生能够清晰地了解自己的学习任务和预期成果。任务安排则应详细到每一天或每一周的活动,包括需要参观的设备、需要掌握的操作技能、需要完成的报告等,从而确保学生在实习期间能够全面、系统地学习和实践。

### 2. 严格执行实习计划,确保实习效果

为了确保计划的严格落实,需要建立一套有效的监控和反馈机制,包括定期的进度检查、中期的实习报告及期末的实习总结等。通过这些环节,及时了解学生在实习过程中的学习情况和遇到的问题,从而提供必要的指导和帮助。同时,还应注重与实习单位的沟通和协作。通过与实习导师的定期交流,了解他们对学生的评价和反馈,以便及时调整实习计划和教学策略。此外,还应鼓

励学生主动参与实习单位的日常工作和项目活动,使他们在实践中不断提升自己的专业技能和综合素质。

## (三)实习过程的指导与监控

### 1. 实习过程中的密切指导与沟通

由于实习环境和工作内容的特殊性,学生可能会遇到各种预料之外的问题和挑战。因此,教师应保持与学生的密切联系,通过电话、电子邮件或即时通信工具等方式,定期了解学生的实习进展和遇到的困难。这种密切的沟通不仅有助于学生及时解决实习中遇到的问题,还能帮助他们更好地理解和适应职场文化。教师可以通过沟通,引导学生对实习经历进行深入的反思和学习,从而促进学生专业技能和职业素养的提升。同时,教师的指导应贯穿实习的整个过程。在实习初期,教师可以帮助学生明确实习目标,制订合适的实习计划;在实习过程中,教师可以提供专业技能和职业发展方面的指导,帮助学生更好地完成实习任务;在实习结束阶段,教师可以指导学生总结经验教训,为未来的职业生涯做好准备。

### 2. 实习过程的严格监控与管理

监控与管理是实习过程中不可或缺的环节,它涉及学生的实习安全和实习效果的保障,教师需要建立一套有效的监控机制,定期对学生的实习情况进行检查和评估。这包括了解学生的出勤情况、工作表现、任务完成情况等,以便及时发现问题并采取相应的措施。同时,教师还应与实习单位保持紧密合作,共同对学生的实习过程进行监督和管理。通过与实习单位的定期沟通,教师可以获取更多关于学生实习情况的反馈,从而更全面地评估学生的实习表现。在监控与管理过程中,教师还需特别关注学生的实习安全。应确保学生了解并遵守实习单位的各项安全规定,避免发生意外事故。如遇紧急情况,教师应及时与实习单位和学生本人取得联系,提供必要的支持和帮助。

## (四)实习成果的总结与反馈

### 1. 实习成果的总结与展示

实习结束后,组织学生进行实习成果的总结和展示是十分必要的,这一过程不仅能帮助学生系统地回顾和整理实习期间的所学所感,还能促进同学之间的交流与合作。在总结阶段,学生应详细梳理自己在实习过程中的工作内容、遇到的问题及解决策略,从中提炼出宝贵的实践经验和学习心得。通过展示环节,学生可以将自己的实习成果以报告、PPT 或其他形式呈现出来,这不仅能锻炼学生的表达能力和逻辑思维能力,还能增强他们的自信心和职业素养。此外,总结和展示的过程也是学生自我反思和成长的过程,通过对比实习前后的变化和进步,学生可以更加清晰地认识到自己的优势和不足,从而为未来的学习和工作制定更明确的目标。

### 2. 实习评价的客观性与全面性

教师应根据学生的实习表现、工作态度、技能提升等方面给予客观、全面的评价。这种评价不仅要指出学生在实习过程中的亮点和成就,还要针对存在的问题和不足提出建设性的改进意见。客观全面的实习评价能够帮助学生更准确地认识自己,发现自身的优点和潜力,同时也能让他们明确自己在哪些方面还有待提高。这种评价方式还能为学生的职业发展提供有益的参考,帮助他们在未来的工作中更好地发挥自己的优势,规避或改进不足之处。

为了实现评价的客观性和全面性,教师需要综合运用多种评价方法和工具,如实习日志、工作报告、同事和导师的反馈等,以便更全面地了解学生在实习期间的表现和成长。同时,教师还应注重评价的及时性和有效性,确保评价能够真正起到促进学生成长和发展的作用。

# 第二节 产学研合作教育模式的探索与实践

## 一、产学研合作教育模式的内涵与特点

### (一)跨界合作

#### 1. 校企合作共建实训基地的模式解析

校企合作共建实训基地,作为产学研合作教育模式的重要实践形式,通过深度融合高校与企业的资源,构建了一个连接理论与实践、学习与职场的桥梁。这一模式不仅体现了高等教育与产业界的紧密互动,更在人才培养、科技创新等方面展现出显著的优势。具体而言,校企合作共建实训基地通常采取以下几种模式:一是共同投资建立实体实训基地,由高校和企业共同投入资金、设备和技术,搭建起一个真实的职业环境,供学生进行实践操作和技能训练。二是高校在企业设立实训基地,利用企业的生产现场和业务流程,为学生提供直观、生动的实践学习机会。三是以项目合作形式,高校与企业共同研发、实施项目,学生在参与项目的过程中获得实践经验和提升技能。这些模式的共同特点在于,都强调了高校与企业的深度合作和资源共享。通过共建实训基地,高校能

够更好地了解企业的用人需求和行业标准,从而调整教学内容和方法,使人才培养更加贴近市场需求;而企业则能够提前介入人才培养过程,选拔和培养符合自身发展需求的高素质人才,降低人才招聘和培养成本。

**2. 校企合作共建实训基地的意义与价值**

校企合作共建实训基地对于提升学生就业竞争力和满足企业人才需求具有重要意义,对于学生而言,实训基地提供了一个真实的职业环境,使他们能够在实践中学习、在操作中成长。通过在实训基地的锻炼,学生能够更好地掌握专业知识和技能,提升实践能力和职业素养,从而更好地融入职场、适应社会发展。同时,实训基地还为学生提供了与企业和行业专家直接接触的机会,有助于他们拓宽视野、了解行业动态,为未来的职业发展奠定坚实基础。对于企业而言,校企合作共建实训基地有助于培养符合自身需求的高素质人才。企业可以通过实训基地,将自己的文化理念、管理制度和业务流程等融入人才培养过程,使学生在在校期间就能熟悉和适应企业的工作环境和要求。这样一来,企业在招聘时就能够更加精准地选拔到符合自己需求的人才,降低人才流失率。同时,通过与高校的合作,企业还能够及时了解和掌握最新的科技成果和行业动态,为自身的创新发展注入新的活力。此外,校企合作共建实训基地还具有深远的社会意义。它有助于推动高等教育与产业界的深度融合,促进人才培养模式的创新和优化。同时,实训基地的建设和运营还能够推动相关产业的发展和升级,为区域经济的繁荣和社会进步做出贡献。

**3. 校企合作共建实训基地的前景展望**

一是合作范围将进一步扩大。随着越来越多的高校和企业认识到校企合作的重要性,他们将更加积极地参与到实训基地的建设中来。这不仅会推动实训基地数量的增加,还会促进合作形式的多样化和合作内容的丰富化。二是实训基地将更加智能化和现代化。随着信息技术和人工智能技术的不断发展,未来的实训基地将更加注重智能化和现代化的建设。通过引入先进的技术和设备,实训基地将能够为学生提供更加真实、高效的学习体验,同时为企业提供更加精准、便捷的人才培养和选拔服务。三是国际合作将进一步加强。随着全球化的不断深入,校企合作共建实训基地将更加注重国际合作与交流。通过与国际知名高校和企业的合作,实训基地能够引入国际先进的教育理念和技术成果,推动我国高等教育和产业的国际化发展。

## (二)资源共享

### 1. 高校与科研机构联合开展科研项目的合作模式

在当今科技飞速发展的时代,高校与科研机构联合开展科研项目已成为推动科技创新和成果转化的重要途径。这种合作模式汇聚了双方的智力资源和研究优势,共同攻克技术难题,不仅提升了科研水平,还促进了产业升级和区域经济的发展。具体而言,高校与科研机构在联合开展科研项目时,通常采取以下几种合作模式:一是项目合作制,即双方针对某一具体科研项目或技术难题,共同组建研究团队,制订研究计划,分工协作,共同完成研究任务。这种合作模式能够充分发挥各自的专业优势,实现资源共享和优势互补。二是产学研一体化模式,即高校、科研机构和企业三方共同参与,形成产学研紧密结合的创新体系。在这种模式下,高校和科研机构负责技术研发和创新,企业则负责技术成果的转化和应用,从而实现科技创新与产业发展的良性循环。三是共建共享模式,即高校与科研机构共同投资建设科研平台或实验室,共享设备资源、技术成果和人才资源,降低科研成本,提高资源利用效率。这些合作模式的共同特点在于强调协同创新、资源共享和优势互补,旨在打破传统科研体制的束缚,推动科技创新和成果转化。

**2. 联合开展科研项目对科研水平的提升意义**

高校与科研机构联合开展科研项目对提升科研水平具有重要意义,这种合作模式有助于整合和优化科研资源。高校和科研机构各自拥有独特的科研资源和优势,通过联合开展科研项目,可以实现资源的共享和互补,避免资源的浪费和重复建设。这不仅能够提高科研资源的利用效率,还能够降低科研成本,为科研活动的顺利开展提供有力保障。联合开展科研项目有助于促进学术交流与合作,高校和科研机构之间的合作往往伴随着学术交流的深入进行。双方研究人员通过共同开展科研项目,有机会进行更深入的学术探讨和交流,相互学习、借鉴和启发。这种学术交流与合作不仅能够拓宽研究人员的学术视野,提高其学术素养,还能够激发创新思维,推动科研工作的不断创新和进步。联合开展科研项目有助于培养高素质科研人才,高校和科研机构作为人才培养的重要基地,通过联合开展科研项目,为青年学者和研究人员提供了更多的实践机会和锻炼平台。他们在参与科研项目的过程中,可以接触到前沿的科研技术和方法,积累宝贵的实践经验,提升自身的科研能力和水平。这对于培养具有创新精神和实践能力的高素质科研人才具有重要意义。

**3. 联合科研项目对产业升级与区域经济发展的推动作用**

科研成果的转化应用直接推动了相关产业的创新升级,通过联合研发,高校与科研机构能够针对产业发展中的关键技术和难题进行攻关,形成具有自主知识产权的科技成果。这些成果经过进一步转化和应用,能够提升产业的技术水平和竞争力,推动产业结构向更高端、更绿色、更智能的方向转型。高校和科研机构作为区域创新体系的重要组成部分,通过联合开展科研项目,能够加强与其他创新主体(如企业、政府部门等)的互动与合作,共同构建开放、协同、高效的区域创新网络。这种创新网络的形成有助于提升区域的整体创新能力,为区域经济的持续发展提供源源不断的动力。联合科研项目还带动了区域经济的增长,一方面,科研项目的实施需要投入大量的人力、物力和财力,这些投入直接拉动了区域的经济活动和相关产业的发展;另一方面,科研成果的转化和应用能够催生新的经济增长点,创造更多的就业机会和税收来源,为区域经济的繁荣做出积极贡献。

## (三)协同创新

### 1. 定制化人才培养计划的核心理念与实践

定制化人才培养计划的核心在于"定制化",即根据企业的特定需求和行业标准,调整和优化传统的教学内容和方法。这包括但不限于课程设置的更新、教学方式的创新,以及实习安排的优化。通过这种方式,高校能够更直接地响应市场对人才的具体要求,同时,企业也能更高效地获取符合自身发展战略的人才资源。在实践层面,定制化人才培养计划通常涉及以下几个关键环节:首先,高校与企业进行深入沟通,明确企业对人才的具体期望和要求;其次,基于这些需求,高校对现有的教学体系和资源进行重新配置,设计出更具针对性和实用性的课程和教学方案;最后,通过定期的评估与反馈,不断优化和调整培养计划,确保其始终与企业的发展需求保持同步。

**2. 定制化人才培养计划对企业核心竞争力的提升**

这种模式培养出来的人才,不仅具备扎实的专业知识,还能更快地适应企业的文化和业务模式,从而缩短新员工适应期,提高工作效率。定制化培养的人才更有可能具备创新思维和解决问题的能力,这对于企业在日益激烈的市场竞争中保持领先地位至关重要。这种合作模式还有助于企业建立稳定的人才储备库,为企业的长远发展提供坚实的人才支撑。

**3. 定制化人才培养计划对高等教育改革的推动作用**

定制化人才培养计划不仅对企业有利,也对高等教育改革产生了积极的推动作用,它促使高校更加关注市场需求和行业动态,从而调整教学内容和方法,使教育更加贴近实际、更具实用性。这种以市场为导向的教育理念有助于提升高等教育的质量和效率。定制化人才培养计划推动了高校与企业的深度合作,促进了产学研一体化的进程。这种合作模式有助于高校将科研成果转化为实际应用,同时也为企业提供了更多的技术支持和创新资源。定制化人才培养计划还为学生提供了更多的实践机会和职业发展资源,有助于培养他们的职业素养和综合能力,提升他们的就业竞争力。

## 二、产学研合作教育模式的实践探索

### (一)校企合作共建实训基地

**1. 合作机制不完善的具体表现**

在产学研合作教育模式中,合作机制的不完善主要体现在以下几个方面:首先,责任界定模糊。高校、企业和科研机构在合作过程中往往对各自应承担的责任缺乏明确界定,导致在出现问题时难以迅速找到责任主体,影响合作效率。其次,权利分配不均。各方在资源、技术、资金等方面存在差异,可能导致在合作过程中某些方面享有过多权利,而其他方面则权利受限,这种不平衡的权利分配可能引发合作方的不满和冲突。最后,利益分配机制不健全。产学研合作的最终目的是实现共赢,但如果缺乏公平、透明的利益分配机制,很容易导致合作方因利益分配不均而产生矛盾,甚至导致合作破裂。

**2. 合作机制不完善的成因分析**

产学研合作教育模式中合作机制不完善的原因是多方面的,一方面,法律法规的滞后性使得产学研合作在面临新问题时缺乏明确的法律指导,导致各方在责权利关系的界定上困惑。另一方面,市场机制的不完善也影响了产学研合作的顺利进行。例如,信息不对称可能导致合作方在谈判过程中难以做出准确判断,进而影响合作的公平性和效率。此外,合作方之间的文化差异、管理模式的不同及沟通不畅等因素也可能导致合作机制的不完善。

**3. 合作机制的完善策略**

建立详细的责任清单,明确高校、企业和科研机构在合作过程中的具体职责,设立专门的监督机构或委员会,负责对合作过程进行监督和评估,确保各方能够切实履行职责。在充分考虑各方资源和贡献的基础上,制定合理的权利分配方案,通过签订详细的合作协议,明确各方在决策、执行、收益等方面的权力,保障合作的公平性和顺利进行。建立公开、透明的利益分配机制,确保合作成果能够按照各方的投入和贡献进行合理分配,同时,引入第三方评估机构对合作成果进行评估,为利益分配提供客观依据,减少利益分配不均而引发的纠纷。除此之外,还应加强产学研合作各方的沟通与协作能力培训,提升合作方的整体素质和合作意识。同时,政府和社会各界也应加大对产学研合作的支持力度,通过制定优惠政策、提供资金支持等方式推动产学研合作教育模式的健康发展。

## (二)联合开展科研项目

### 1. 明确沟通与协调的重要性

沟通与协调是产学研合作中的基础性工作,高校、企业和科研机构在合作过程中,需要就项目目标、任务分工、资源投入、利益分配等关键问题进行深入交流,以确保各方能够达成共识并形成合力。缺乏有效的沟通与协调,可能导致信息不对称、目标不一致甚至利益冲突,进而影响合作的顺利进行。沟通与协调有助于建立互信机制,在产学研合作中,各方需要相互信任、共同协作,才能应对复杂多变的市场环境和技术挑战。通过加强沟通与协调,各方可以增进了解、减少误解,从而建立起稳固的合作关系和互信机制。沟通与协调是实现资源有效整合和优化配置的前提,高校、企业和科研机构各自拥有独特的资源优势,如技术、人才、资金和市场等。通过加强沟通与协调,各方可以明确各自的需求和优势,寻找资源互补和协同创新的契机,从而实现资源的有效整合和优化配置。

### 2. 寻找共同点和契合点的策略

高校、企业和科研机构在合作前应对各自的需求、优势和目标进行深入分析,明确自身在合作中的定位和角色。这有助于各方在沟通与协调过程中更加准确地把握彼此的需求和期望,从而找到合作的共同点和契合点。在深入交流的基础上,各方应共同制定合作的愿景和目标,明确合作的方向和重点。这有助于统一思想、凝聚共识,激发各方的积极性和创造力,共同推动合作的深入发展。产学研合作可以采取多种模式进行,如联合研发、技术转让、人才培养等。各方应根据自身的需求和优势,探索适合的合作模式,以实现资源的最佳配置和效益的最大化。通过多元化的合作模式,各方可以更加灵活地找到合作的共同点和契合点,推动合作的全面展开。

**3. 实现资源的有效整合和优化配置**

高校、企业和科研机构应建立资源共享机制,实现技术、人才、设备等资源的互通有无。通过资源共享,各方可以充分利用彼此的优势资源,提高资源的利用效率和创新能力。各方应加强人才交流与合作,共同培养具备创新精神和实践能力的高素质人才。通过人才交流,各方可以相互学习、共同进步,为合作的深入发展提供有力的人才支撑。各方应在合作前明确利益分配原则和方式,确保合作成果能够按照各方的贡献进行合理分配。这有助于激发各方的合作动力,促进资源的有效整合和优化配置。

## (三)定制化人才培养计划

### 1. 教育质量难以保障的原因分析

产学研合作教育模式中的教育主体多元化是导致教育质量难以保障的重要因素之一。在这种模式下,高校、企业和科研机构等多个主体共同参与教育活动,各自拥有不同的教育理念、教学方法和评价标准。这种多元化的教育主体使得教育质量的标准和期望存在差异,难以形成统一的教育质量要求。教育资源的分散化也是影响教育质量的重要因素,在产学研合作中,教育资源往往分散在各个合作方之间,包括师资力量、教学设施、实验设备等。这种分散化的教育资源不仅增加了管理和协调的难度,还可能导致教育资源的利用效率低下,从而影响教育质量。缺乏有效的教育质量监控和评估体系也是教育质量难以保障的原因之一,在产学研合作教育模式中,由于缺乏统一的教育质量评估标准和监控机制,各方在教育质量保障方面难以形成合力,无法及时发现和解决教育质量问题。

**2. 建立完善的教育质量监控和评估体系的必要性**

建立完善的教育质量监控和评估体系对于保障产学研合作教育模式中的教育质量至关重要。建立监控和评估体系,可以及时发现教育过程中存在的问题和不足,为改进教学方法和提高教育质量提供有力支持。该体系有助于形成统一的教育质量标准和期望,促进各方在教育质量保障方面的合作与共识,通过定期的评估与反馈,激励各方不断提升教育质量,形成良性的竞争与合作氛围。

**3. 建立完善的教育质量监控和评估体系的策略**

结合产学研合作教育模式的特点和实际需求,制定统一的教育质量标准。该标准应涵盖教学目标、课程内容、教学方法、评估方式等方面,以确保各方在教育质量保障方面有明确的依据。针对产学研合作教育模式中的不同教育主体和教育环节,建立多维度的评估指标体系。这些指标应包括学生的学习成果、教师的教学质量、课程设置的合理性及教育资源的利用效率等方面,以全面反映教育质量的实际情况。通过定期的监控与评估,及时发现和解决教育质量问题。可以采用问卷调查、教学观摩、学生反馈等方式进行监控和评估,确保教育质量的稳步提升。同时,应建立有效的激励机制,鼓励各方积极参与监控和评估工作,共同推动教育质量的提升。建立完善的沟通与协作机制,确保各方在教育质量监控和评估过程中能够充分交流、共享信息和资源。通过定期的会议、研讨会等活动,促进各方的合作与共识,共同推动教育质量的提升。

# 第三节　职业资格证书制度与实践教学衔接

## 一、给排水专业职业资格证书制度概述

给排水专业职业资格证书制度,作为国家官方对从事该领域工作人员技能的一种权威认证,其深远意义不仅体现在对个体技能水平的肯定,更在于对整个行业标准化、专业化的推动。这一精心设计的制度,通过实施标准化的考试和评估体系,旨在精准地衡量从业人员是否具备从事给排水工作所必需的专业知识和实操技能。其根本目的在于确保每一项给排水工程的质量与安全,从而维护公众利益和社会稳定。在给排水专业领域,诸如给排水工程师证书、注册公用设备工程师(给水排水)证书等职业资格证书,已然成为衡量专业人员技能与知识的重要标尺。这些证书所要求的,不仅仅是书本上的理论知识,更侧重于操作技能与经验积累。考生若想顺利获得这些证书,不仅需要对给排水专业的理论知识有深入的理解与掌握,更需要在实际操作中展现出高超的技能和丰富的工程实践经验。这种对理论与实践并重的考核方式,无疑为提升给排水行业的整体素质和保证工程质量安全奠定了坚实的基础。通过设立这些职业资格证书,国家有力地促进了给排水行

业的健康、有序发展,同时也为广大从业人员提供了一个公平、公正的竞技平台,激发了行业内不断追求卓越、提升自我的积极氛围。

## 二、实践教学在给排水专业教育中的重要性

通过实践教学这一关键环节,学生能够深入参与到真实的工程项目之中,包括项目的设计规划、施工实施及后续的项目管理等核心环节。这样的实践经验不仅帮助学生将课堂上学到的理论知识与实际操作相结合,从而更深刻地理解和掌握给排水专业的核心知识,而且能够有效锻炼学生的实际操作能力,提高他们的动手能力和解决问题的能力。此外,在实践教学中,学生往往需要与团队成员紧密合作,共同面对和解决各种问题,这样的过程无疑会极大地促进学生的团队协作能力,培养出良好的团队合作精神。更为关键的是,实践教学为学生打开了一扇了解未来职业环境的窗户,通过亲身参与和体验,学生能够更加清晰地认识到给排水行业的实际工作环境和需求,这对于他们明确自己的职业方向,制定合理的职业规划具有至关重要的指导意义。同时,具备丰富实践经验的学生在就业市场上无疑会更具竞争力,他们的实际操作能力、团队协作能力及对职业环境的深刻理解,都将成为他们求职过程中的重要加分项,极大提升他们的就业竞争力。

## 三、职业资格证书制度与实践教学的衔接策略

### (一)明确培养目标与职业标准对接

#### 1. 实践教学中职业能力与职业素养的培养

在给排水专业的实践教学中,高校应当把培养学生的职业能

力和职业素养放在首要位置。这是因为,职业能力和职业素养不仅是学生未来从事给排水工作的基石,更是他们职业生涯持续发展的关键。为此,高校需要积极创新实践教学模式,与企业建立紧密的合作关系,共同开展实习实训项目。通过企业实习实训,学生能够深入企业一线,亲身体验给排水行业的实际工作环境,了解职业环境的具体要求。在这样的实践过程中,学生不仅可以接触到最新的行业技术和设备,还能参与到实际工程项目中,从而逐步熟悉和掌握给排水工作的基本流程和操作规范。这种"沉浸式"的学习方式,能够帮助学生快速地将理论知识转化为实际操作技能,提升他们的职业能力。

**2. 行业专家参与实践教学与学生职业认知的提升**

行业专家通常具备深厚的行业背景和丰富的实战经验,他们的加入能够极大地丰富实践教学的内容,提升实践教学的质量。行业专家在实践教学中可以发挥多重作用。首先,他们可以结合自己的实践经验,为学生讲解给排水行业的最新动态和发展趋势,帮助学生拓宽视野,增强对行业的认知。其次,他们可以为学生提供真实的工程案例进行分析和讲解,让学生在案例分析中学会如何运用所学知识解决实际问题,提升学生的问题解决能力。最后,他们还可以作为学生的实践导师,为学生提供一对一的实践指导,帮助学生在实践中不断提升自己的职业技能和职业素养。通过行业专家的深度参与,实践教学不再是孤立的、片面的技能训练,而是与行业发展紧密相连、与学生职业发展息息相关的综合性教学活动。在这样的教学环境中,学生的职业认知水平将得到显著提升,他们不仅能够更清晰地认识到自己的职业定位和发展方向,还能够更自信地面对未来的职业挑战。同时,学生的实践能力也将在行业专家的指导下得到全面提升,为他们日后的职业发展奠定坚实的基础。

## (二)加强实践教学环节的职业导向

### 1. 借助企业实习实训,深化学生对职业环境的认知

在高校给排水专业的实践教学中,对学生职业能力和职业素养的培养应当成为核心目标。通过与企业联手开展实习实训活动,高校能够为学生提供一个真实且富有挑战性的职业环境,从而帮助他们更全面地了解给排水行业的实际运作情况。在企业实习实训的过程中,学生将有机会亲身参与到工程项目的各个环节中,包括项目的设计、施工、管理及后期的评估等。这种全方位的参与不仅能够帮助学生熟悉和掌握给排水工作的基本流程和操作要领,还能够提升他们的实际操作技能。更重要的是,通过与企业员工的互动和交流,学生能够深刻体会到职业素养在职业生涯中的重要性,从而在日常学习和工作中更加注重对自己职业素养的塑造和提升。此外,企业实习实训还能够帮助学生建立起对给排水行业的正确认知,明确自己的职业定位和发展方向。通过亲身实践,学生将更加清晰地认识到自己在知识和技能上的优势和不足,从而在未来的学习和工作中更加有针对性地进行提升和改进。

### 2. 引入行业专家指导,提升学生的职业认知水平和实践能力

行业专家作为给排水领域的佼佼者,他们不仅具备深厚的专业知识,还拥有丰富的实战经验和对行业发展的敏锐洞察力。在实践教学中,行业专家可以结合自身的工作经历和行业经验,为学生讲解给排水领域的最新技术、发展趋势及面临的挑战和机遇。这种来自行业前沿的信息输入,不仅能够帮助学生拓宽视野、增长

见识,还能够激发他们的学习兴趣和创新精神。同时,行业专家还可以针对学生在实践中遇到的问题和困惑给予及时的解答和指导,帮助他们更好地掌握专业知识和技能,提升他们的实践能力。通过引入行业专家的实践教学指导,高校能够搭建起一个连接学生与行业的桥梁,使学生在在校期间就能够与行业保持紧密的联系和互动。这种教学模式不仅能够提升学生的职业认知水平和实践能力,还能够为他们的未来职业发展奠定坚实的基础。

## (三)建立完善的职业技能评价体系

### 1. 构建多维度的职业技能评价体系

为了更好地与职业资格证书制度相衔接,高校在给排水专业教育中应着重构建一个全面而多维度的职业技能评价体系。这一体系不仅要涵盖对学生理论知识掌握情况的考核,更要延伸到对其实际操作能力、团队协作能力等多个层面的评估。理论知识是职业技能的基础,因此,评价体系中应包含对学生专业知识掌握深度和广度的考核,确保学生具备扎实的理论基础。然而,单纯的理论知识考核已无法满足当前职业发展的需求,特别是在强调实践与创新的今天,对学生实际操作能力的评价显得尤为重要。高校应设立与真实工作情境相仿的实践考核环节,通过观察学生在实际操作中的表现,准确评估他们的动手能力和问题解决能力。同时,团队协作能力作为现代职业人不可或缺的一项素质,也应纳入评价体系之中。根据团队项目的完成情况和学生在团队中的角色表现,对学生的团队协作能力进行客观评价。

### 2. 实施定期的技能评价与反馈机制

职业技能评价体系的建立,不仅仅是为了给学生一个成绩或等级的评定,更重要的是通过定期的评价与反馈,帮助学生清晰地认识到自己在职业技能方面的长处与不足。高校应制定科学的评价周期,确保评价既能及时反映学生的技能水平,又不会过于频繁以致影响正常的教学进度。在每次评价之后,教师应向学生提供详细而具体的反馈报告,明确指出他们在各项技能上的表现及存在的问题,并给出针对性的改进建议。这种定期的、个性化的反馈机制,不仅能够让学生及时了解自己的技能状态,还能够为他们提供明确的学习方向和动力。通过教师不断地评价与反馈,学生可以更加有针对性地进行技能的提升和改进,为未来的职业生涯做好充分准备。

## (四)推动实践教学与职业资格证书考试的互动

### 1. 引入职业资格证书考试模拟环节,强化实践教学的针对性

在高校给排水专业的实践教学中,积极与职业资格证书考试机构进行合作,不仅有助于提升教学质量,还能更好地为学生未来的职业发展铺路。为了实现这一目标,高校可以在实践教学中巧妙地引入职业资格证书考试的模拟环节。具体而言,高校可以结合给排水专业的实际教学情况,设计出一系列与职业资格证书考试内容紧密相关的模拟试题和实践操作任务。通过这些模拟环节,学生能够在实践过程中逐步熟悉和掌握考试的基本流程、题型设置及答题技巧。这种"以考促学"的方式,不仅能够激发学生的学习兴趣和动力,还能够帮助他们更加明确自己的学习目标和方向。同时,模拟环节的引入还能够有效地检验学生对理论知识的掌握情况及实际操作能力的提升程度。教师可以根据学生在模拟环节中的表现,及时发现他们在知识和技能上存在的不足之处,从

而有针对性地进行个别辅导和集体讲解,确保每一位学生都能够在实践中得到真正的提升和进步。

## 2. 鼓励参加职业资格证书考试,实现实践教学与职业发展的有机衔接

除了引入模拟环节外,高校还应鼓励学生积极参加给排水专业的职业资格证书考试。这种考试不仅是对学生知识和技能水平的全面检验,更是他们未来求职过程中的"敲门砖"。为此,高校可以在实践教学中加强对职业资格证书考试的宣传和引导,让学生了解考试的重要性和必要性。同时,还可以为学生提供必要的考前辅导和备考资源,帮助他们更好地应对考试挑战。通过将考试成绩作为实践教学成果的体现,高校能够进一步激发学生的学习热情和积极性,推动他们在实践中不断提升自己的职业能力和素养。通过考试,学生不仅能够获得行业内广泛认可的职业资格证书,还能够更加清晰地认识到自己的职业定位和发展方向。这种明确的职业目标将指引学生在未来的学习和工作中更加努力地追求卓越、实现自我超越。

# 第五章 课程体系评价与优化策略

## 第一节 课程体系的评价标准与方法

### 一、课程设置

#### （一）核心课程与理论体系的重要性

给排水课程体系的首要任务是确保学生掌握给排水工程的基本理论、知识体系和技能要求,这不仅仅是传统知识的灌输,更是对学生未来职业生涯的奠基。基本理论涵盖了水力学、水文学、环境工程学等多个学科领域,为给排水工程提供了坚实的理论基础。知识体系则是对这些理论的整合与拓展,使学生能够从全局的角度理解给排水工程的各个环节。技能要求则更加侧重于实践操作,包括工程设计、设备选型、施工管理等方面的实际操作能力。在课程设置上,水处理技术、给排水管网设计、水泵与泵站、水质工程学等核心课程是不可或缺的。这些课程不仅深入讲解了给排水工程的核心知识,还通过案例分析、实验操作等方式,加强了学生的理论应用能力和实践操作能力。例如,水处理技术课程可以让学生了解不同水质条件下的处理方法和技术选择;给排水管网设计课程则着重于培养学生的工程设计能力,使其能够根据实际需求进行合理的设计规划。

## (二)与新技术、新方法的结合及对实践能力的培养

随着科技的飞速发展,智能化、自动化技术在给排水领域的应用日益广泛,这就要求给排水课程体系不仅要传授传统知识,更要与新技术、新方法相结合,培养学生的创新意识和实践能力。一方面,课程体系中应引入与智能化、自动化技术相关的内容,如智能水务、远程控制等。这些内容可以使学生了解并掌握给排水工程的前沿技术,为其未来职业生涯打下坚实的基础。另一方面,实践能力的培养也是至关重要的。通过实验、实习和设计环节,学生可以亲身参与到给排水工程的实际操作中,从而更深入地理解工程原理和技术要求。这些实践环节还能帮助学生提升问题解决能力、团队协作能力等多方面的素养。此外,课程设置还应注重培养学生的创新意识。在教学过程中,教师可以引导学生关注行业内的热点问题和技术难题,鼓励他们提出创新的解决方案。同时,通过组织学术讲座、科技竞赛等活动,激发学生的创新热情,培养他们的创新思维和实践能力。

# 二、教学内容

## (一)时效性与前沿性:紧跟行业技术发展步伐

给排水技术的不断更新换代要求课程体系的教学内容必须与时俱进,紧跟行业技术的最新发展。这意味着教师需要不断更新自己的知识储备,通过参加各类学术会议、行业研讨会等方式,及时捕捉行业内的最新动态和技术进展。例如,随着智能化、信息化技术在给排水领域的广泛应用,教师应将这些新兴技术引入课堂,让学生了解并掌握相关的基本原理和应用技能。为了确保教学内

容的时效性和前沿性,高校还可以与行业领先企业建立紧密的合作关系,共同开发课程内容和教学案例。校企合作可以将行业内最新的技术成果和实践经验融入教学中,使学生在在校期间就能接触到最前沿的技术知识和工程实践案例。此外,教学内容还应注重培养学生的创新意识和实践能力。教师可以鼓励学生参与科研项目、创新实验等活动,通过实践探索未知领域,培养学生的创新思维和解决问题的能力。

### (二)理论与实践融合:夯实基础与提升应用能力并举

给排水课程体系的教学内容在保持时效性和前沿性的同时,还应注重基础理论与工程实践的有机结合。基础理论是工程实践的基石,只有掌握了扎实的基础理论知识,学生才能在未来的工程实践中游刃有余。因此,教师应首先确保学生对给排水工程的基本理论有深入的理解和掌握。在夯实基础理论的基础上,教师还应通过引入实际工程案例、开展项目式教学等方式,引导学生将所学知识应用于解决实际问题中。这种以问题为导向的教学方式可以激发学生的学习兴趣和积极性,培养他们在复杂工程环境中分析问题和解决问题的能力。同时,项目式教学还可以锻炼学生的团队协作精神,提升他们的沟通协作能力。除了基础理论与工程实践的融合外,教师还应关注学生的职业素养教育。职业素养是学生未来职业生涯中不可或缺的重要素质,包括职业道德、责任意识、创新精神等。在教学过程中,教师应注重培养学生的这些素质,使他们成为具备高度职业素养的给排水工程人才。

## 三、教学方法

### (一)教学方法的多样性:灵活应对不同教学需求

给排水工程作为一门涉及多个学科领域的综合性课程,其教学内容既包含深奥的理论知识,又涉及具体的实践操作。因此,教师在教学过程中必须根据课程特点和学生需求,灵活运用多种教学方法。讲授法作为教师传授知识的基本方式,在给排水课程教学中占据重要地位。通过系统、连贯的讲授,教师可以帮助学生建立完整的知识框架,掌握课程的基本概念和原理。然而,单纯地讲授往往难以激发学生的学习兴趣,教师需要结合其他教学方法,如讨论法、案例分析法等,来丰富教学手段,提高教学效果。讨论法鼓励学生积极参与课堂讨论,发表自己的观点和见解。通过讨论,学生可以相互启发、拓宽思路,加深对课程内容的理解。同时,讨论还有助于培养学生的批判性思维和沟通能力,提高他们的学习自主性。案例分析法则通过引入实际工程案例,让学生在分析、解决问题的过程中掌握知识和技能。这种方法能够将理论与实践紧密结合,提高学生的学习兴趣和实践能力。在给排水课程教学中,教师可以选取具有代表性的工程案例,引导学生进行分析和讨论,从而加深他们对课程内容的理解和应用。

### (二)教学方法的互动性:促进学生主动学习与探索

传统的教学方式往往是以教师为中心,学生处于被动接受的状态。然而,现代教育理念强调学生的主体地位和教师的主导作用相结合,要求教师注重与学生的互动交流,激发学生的学习兴趣和积极性。在给排水课程教学中,教师可以通过提问、讨论、小组合作等方式与学生进行互动。这些方式不仅能够使教师及时了解学生的学习情况和问题所在,还能够鼓励学生主动思考和表达自己的观点。同时,教师还可以利用现代教学技术如虚拟仿真实验、远程实验等手段来增强教学的互动性。这些技术手段能够为学生提供更多的实践机会和自主探索的空间,让他们在动手操作的过程中加深对知识的理解和应用。此外,教师还可以通过组织课外活动、引导学生参加学术竞赛等方式来延伸课堂教学的互动性。这些活动不仅能够拓宽学生的视野和知识面,还能够培养他们的团队协作精神和创新能力。在与学生互动的过程中,教师应注重引导学生发现问题、分析问题并解决问题,培养他们的批判性思维和创新能力。

## 四、评价体系

### (一)评价体系的科学性:明确标准与客观方法

科学性的核心在于评价标准的明确性和评价方法的客观性,评价标准必须清晰、具体,能够准确反映给排水课程体系的教学目标和要求。这意味着,需要细致地设定每一项评价指标,确保其既符合教育教学规律,又能体现出给排水专业的特点。例如,在评价学生的知识掌握情况时,应根据课程内容,制定出详细的知识点考核标准,以便准确评估学生的学习效果。为了避免主观臆断和偏见,应采用量化、标准化的评价方式,如选择题、填空题等客观题型,以及明确评分标准。同时,还可以结合现代技术手段,如在线测试系统、自动化评分工具等,来提高评价的准确性和效率。科学性的评价体系不仅有助于公正、客观地评估学生的学习成果,还能为教学改进提供有力的数据支持。通过对评价结果的深入分析,教师可以发现教学中的问题和不足,从而及时调整教学策略、优化教学内容,进一步提升教学质量。

## (二)评价体系的全面性:多元评价与及时反馈

课程考试是评价学生知识掌握情况的基础方式。利用实验报告和课程设计,可以深入评估学生的实践能力和创新思维。例如,在实验报告中,可以关注学生的实验设计、数据分析和结论推导能力;在课程设计中,则可以重点考查学生的问题解决能力和创新思维。通过实习,学生可以将在课堂上学到的理论知识应用于实际工作中,从而培养职业素养和团队协作能力。因此,在评价实习表现时,应注重对学生的工作态度、专业技能及团队合作精神等方面的考查。及时、有效地反馈不仅可以帮助学生了解自己的学习情况,还能激发他们的学习动力,促进他们的自主发展。同时,反馈结果还能为教师提供宝贵的教学反馈,有助于他们不断完善教学方法,提升教学效果。

## 五、师资队伍

### (一)提升师资队伍的专业性

首先,高校在选拔给排水专业教师时,应严格把关其学历和专业背景,确保他们具备扎实的专业基础和宽广的知识视野。同时,鼓励教师持续深造,通过攻读学位、参加专业研讨会等方式,不断提升自身的学术水平和专业素养。其次,教师的实践经验对于培养学生的工程实践能力至关重要。高校应加强与企业的合作与交流,为教师搭建参与实际工程项目的平台。通过参与工程实践,教师可以深入了解行业动态和技术前沿,从而将最新的工程实践案例引入课堂教学,丰富教学内容,提高教学的针对性和实效性。此外,高校还可以引进具有丰富实践经验的企业高级工程师作为兼职教师或开设讲座,进一步充实师资队伍,为学生提供更多接触实际工程问题的机会。

### (二)强化师资队伍的实践性

为了进一步提升师资队伍的实践性,高校应积极开展校企合作项目,鼓励教师与企业共同研发新技术、解决工程难题。这种合作模式不仅可以增强教师的实践能力和创新能力,还能促进产学研用深度融合,推动给排水技术的不断进步。同时,建立完善的教师培训和发展机制也是提升师资队伍实践性的关键。高校应定期组织教师参加专业技能培训、实践教学研讨会等活动,帮助他们掌握最新的教学方法和实践技能。此外,还应鼓励教师参加国内外学术交流活动,拓宽视野,吸收先进的教学理念和实践经验。除了外部培训和学习机会,高校还应营造良好的内部学术氛围,鼓励教师之间开展教学研讨和学术交流。通过分享教学经验、探讨教学难题,教师可以相互启发、共同进步,从而提升整个师资队伍的教学水平和实践能力。

# 第二节　给排水专业课程体系的实施效果评估

## 一、教学效果评估

### （一）教学内容的掌握与更新

#### 1. 对于教学内容的熟练掌握

对于给排水专业的教师而言，他们需要全面、深入地理解给排水领域的核心知识体系。这包括基础理论知识，如流体力学、水质工程学等，以及实际应用知识，如给排水系统设计、运行与管理等。教师只有对这些知识有深刻的理解和掌握，才能在教学中做到游刃有余，准确解答学生的疑问，引导学生深入探索。熟练掌握教学内容还要求教师具备将复杂知识简洁明了地表达出来的能力。给排水专业知识体系庞大且复杂，如何将这些知识以易于理解的方式传授给学生，是每位教师必须面对的挑战。通过采用生动的案例、直观的图表等教学辅助手段，教师可以帮助学生更好地理解和掌握专业知识，提高教学效果。

#### 2. 教学内容的及时更新

随着科技的进步和行业的发展，给排水领域的新技术、新工艺、新设备层出不穷。为了使学生能够跟上时代的步伐，教师必须密切关注行业动态，及时了解并掌握这些新技术、新工艺、新设备。教学内容的更新不仅要求教师在课堂上引入最新的行业信息和技术成果，还要求他们具备将这些新知识融入原有教学体系的能力。这需要教师具备创新意识和实践能力，能够根据行业发展的需要，对课程内容和教学方法进行适当的调整和优化。为了确保教学内容的时效性,高校应加强与行业的联系和合作,为教师提供获取最新行业信息的渠道和平台。同时,还应建立完善的激励机制,鼓励教师积极参与行业交流、学术研讨等活动,保持对新技术、新知识的敏感性和学习热情。

## (二)教学方法的创新与多样性

### 1. 教学方法创新的重要性

在当今的高等教育中,单一的教学方法已经无法满足学生的学习需求和行业的发展。因此,教学方法的创新显得尤为重要。创新的教学方法,如案例教学、项目式教学等,能够以学生为中心,激发他们的学习兴趣和积极性。例如,通过案例教学,教师可以引导学生分析实际的工程问题,让他们在解决问题的过程中理解和掌握给排水专业的知识。这种教学方法不仅能够增强学生的实践能力,还能够培养他们的自主学习能力和批判性思维。此外,教学方法的创新还有助于适应不同学生的学习风格和节奏。每个学生都有自己独特的学习方式和兴趣点,传统的教学方法往往无法兼顾所有学生的需求。而创新的教学方法,如个性化教学、翻转课堂等,可以根据学生的特点进行差异化教学,从而更好地满足他们的学习需求,提高教学效果。

### 2. 教学方法多样性的意义

不同的教学方法具有不同的特点和优势,可以相互补充,从而提供更全面的学习体验。实验教学是给排水专业课程中不可或缺的一部分。通过实验,学生可以直观地观察和验证理论知识,增强对知识的理解和掌握。同时,实验教学还能够培养学生的动手能力和团队协作精神,为他们未来的职业生涯打下坚实的基础。除了实验教学,项目式教学也是一种非常有效的教学方法。在项目式教学中,学生需要在一个真实的项目环境中解决问题,这不仅能够锻炼他们的实践能力,还能够培养他们的创新精神和领导能力。通过与同学、老师及行业专家的合作与交流,学生可以拓宽视野,增强对给排水行业的认知和理解。此外,多媒体教学、网络教学等现代化教学手段也为给排水专业课程的教学提供了更多的可能性。这些教学手段可以丰富教学内容和形式,提高学生的学习兴趣和参与度。例如,通过多媒体教学,教师可以展示生动的图片、视频和动画,帮助学生更好地理解和掌握复杂的工程原理和技术细节。

## (三)学生学习成效

### 1. 全面评估学生对专业知识的掌握程度

通过定期的课程考试,教师可以了解学生在各个学习阶段对给排水专业知识的掌握情况。这种评估方式不仅能够帮助教师及时发现学生在知识理解上的不足和误区,还能够为教师提供调整教学策略和重点的依据,从而确保教学的针对性和有效性。除了课程考试,作业完成情况也是评估学生学习成效的重要手段。作业是巩固课堂知识、培养学生独立思考和解决问题能力的重要途径。通过检查学生的作业完成情况,教师可以了解学生对课堂知识的理解和运用程度,以及他们在解决问题过程中的思维逻辑和方法选择。这种评估方式有助于教师发现学生在知识应用上的薄弱环节,为他们提供及时的指导和帮助。

### 2. 深入衡量学生专业知识的应用能力

在给排水专业课程的教学中,学生的积极参与和互动对于提升教学效果至关重要。通过观察学生在课堂上的表现,如提问、讨论、小组合作等,教师可以了解学生对专业知识的兴趣、投入程度及他们运用所学知识解决实际问题的能力。这种评估方式有助于教师培养学生的主动学习态度和团队协作精神,提高他们的学习成效和综合素质。此外,实验报告、项目成果等也是评估学生专业知识应用能力的重要依据。这些成果能够直接反映学生在实际操作中对给排水专业知识的运用能力和创新思维。通过分析这些成果,教师可以深入了解学生在知识应用上的优势和不足,为他们提供更具针对性的指导和建议。

## 二、学生能力培养评估

### (一)专业能力提升

#### 1. 知识积累的评估

给排水专业涉及大量的基础理论知识,如流体力学、水质工程学、给水排水管网系统等。这些知识是构建学生专业素养的基石,因此,评估学生对这些基础理论知识的掌握情况至关重要。课程设计是评估学生知识积累的有效手段之一。通过布置与课程内容紧密相关的设计任务,教师可以检验学生对理论知识的理解深度和广度。例如,在给水系统设计课程中,要求学生根据特定条件设计出合理的给水系统方案,这不仅能考查学生对相关理论的掌握情况,还能锻炼他们的实际应用能力。此外,定期的知识测试也是评估学生知识积累的重要途径。通过闭卷考试、开卷考试、随堂测验等形式,教师可以全面了解学生对专业知识的掌握程度,从而及时发现并弥补教学中的不足。

## 2. 技能提升的评估

在给排水专业领域，实验技能、设计技能、工程技能等多个方面的实验操作是检验学生实验技能的重要手段。通过让学生在实验室中亲自动手操作设备、完成实验任务，教师可以评估他们的实验操作能力、数据处理能力及实验报告撰写能力。这种评估方式不仅能帮助学生巩固理论知识，还能提升他们的实践操作能力。实习实训则是评估学生工程技能的有效途径。通过参与实际的工程项目或模拟实训项目，学生可以将所学知识应用于实践中，从而锻炼他们的工程实践能力。教师在此过程中可以观察学生的表现，评估他们在解决实际问题、团队协作及项目管理等方面的能力。为了更全面地评估学生的技能提升情况，还可以引入多元化的评估方式，如技能竞赛、创新项目等。这些方式不仅能激发学生的积极性和创造力，还能为他们提供展示自己才能的平台。

## （二）实践能力强化

### 1. 实践操作能力与学生综合素质培养

在理论学习的基础上，通过实践操作，学生能够将抽象的理论知识转化为具体、可感的操作经验，从而加深对专业知识的理解与掌握。这种转化过程不仅有助于提高学生的动手能力，还能够培养学生的问题解决能力、创新思维及团队协作精神。给排水专业涉及众多复杂的工艺流程和设备操作，仅凭理论学习难以全面掌握。通过实践操作，学生可以在实际操作中验证理论知识的正确性，发现其中的不足，进而促进理论知识的完善与发展。在实际操作过程中，学生往往会遇到各种预料之外的问题，这些问题需要他们运用所学知识，结合实际情况进行分析和解决。这种问题解决的过程不仅能够锻炼学生的思维能力,还能够培养他们的耐心和毅力。在实际工程项目中,给排水专业的工作往往需要与其他专业团队紧密合作。通过实践操作中的团队合作,学生可以学会如何与他人有效沟通、如何协调不同意见、如何在团队中发挥自己的专长,这些都是未来职业生涯中不可或缺的重要能力。

**2. 实践教学与职业需求对接**

用人单位在招聘时,更加注重应聘者的实践经验和实际操作能力,加强实践教学环节,为学生提供更多的实践机会和指导,是帮助学生顺利对接职业需求、提升就业竞争力的重要途径。一方面,通过实践教学,学生可以更加直观地了解给排水行业的实际工作环境和工作内容,从而对自己的职业规划有更加明确的认识。这种认识有助于学生更加有针对性地提升自己的专业技能和综合素质,以满足未来职业发展的需求。另一方面,实践教学中的项目式学习、案例分析等教学方法,能够帮助学生模拟实际工程项目中的工作环境和任务要求。通过这些模拟实践,学生可以提前适应未来工作中的挑战和压力,缩短从校园到职场的适应期,更快地融入实际工作中去。

## (三)创新精神培育

谈及课程体系如何激发学生的创新思维,必须认识到创新意识的培养是一个系统工程,它贯穿整个教育过程。给排水专业的课程体系设计,应当注重在传授基础理论知识的同时,嵌入创新元素,以引导学生跳出传统思维框架,勇于探索未知领域。具体来说,可以通过开设创新实验课程,为学生提供一个自由探索和实践的平台。这些实验不应仅仅局限于验证已知理论,更应鼓励学生设计并实施原创性的实验方案,从而在动手实践中触发创新思维。此外,将最新的科研成果和前沿技术融入教学内容,能够让学生了解到给排水领域的最新动态,激发他们对未知世界的好奇心和探索欲,这是培养创新思维的重要基础。关于如何通过实践教学环节有效提升学生的创新能力,这需要关注实践教学的深度与广度。深度上,课程体系应包含多层次的实践教学内容,从基础实验操作到综合性项目设计,再到实际工程问题的解决,逐步提升学生的实践能力和创新水平。广度上,实践教学应涵盖给排水专业的各个领域,包括水处理技术、给水管网设计、排水系统优化等,以拓宽学生的知识视野和创新思路。特别值得一提的是,参与科研项目是提升学生创新能力的重要途径。让学生参与到真实的科研活动中,与导师共同研究解决实际问题,不仅能够锻炼他们的研究能力和团队协作精神,更能在科研实践中深化对专业知识的理解,孕育出具有原创性的创新成果。

# 第三节　基于职业标准的课程体系优化原则

## 一、以职业标准为导向,明确课程目标

给排水课程体系的优化,首要原则是以国家及行业相关的职业标准为导向。这些职业标准,作为对从业人员的基本要求,详尽地规定了从业人员在知识、技能和态度等方面应达到的标准,是确保行业健康、有序发展的基石。在深入推进给排水课程体系优化的过程中,必须对这些职业标准进行细致的研究和全面的理解。这不仅要求把握标准的整体框架和核心理念,更要深入挖掘其中的细节要求和专业内涵。将这些标准要求巧妙地融入课程目标

中,可以确保所设计的课程体系更加贴近行业实际,更具实用性和针对性。此外,将职业标准融入课程目标还有助于学生更好地了解未来职业的要求。学生在学习过程中,可以对照这些标准,明确自己在知识、技能和态度等方面的差距,从而有针对性地进行自我提升和职业素养的培育。这种以职业标准为导向的学习方式,不仅能够提高学生的学习效率,更能够培养他们的职业素养和综合能力,为未来的职业生涯奠定坚实的基础。

## 二、构建模块化的课程体系结构

基于职业标准的给排水课程体系设计,应采用模块化的结构,这是一种高度结构化、功能化的课程设计方法。在这种方法中,每一个模块都精心设计,以对应一个或多个具体的职业技能点,这些技能点是参照职业标准来确定的,确保了教育内容与行业需求的紧密对接。学生通过系统地完成这些模块的学习,能够分步骤、有计划地掌握相应的职业技能,从而构建起全面而深入的专业能力体系。此外,模块化设计的优势还在于其灵活性和可扩展性。随着科技的进步和行业的发展,给排水领域的技术和规范也在不断更新。模块化的课程体系能够更灵活地应对这些变化,便于教育者根据最新的行业发展和技术趋势,对课程进行及时的调整和优化。这种设计不仅保证了课程内容的时效性和前瞻性,还能够有效地促进学生适应未来职业环境的挑战。因此,基于职业标准并采用模块化结构设计的给排水课程体系,是培养具备高度专业素养和适应未来职业发展人才的关键所在。这种设计方式可以确保教育教学的质量和效果,为给排水行业输送更多高素质的专业人才。

### 三、强化实践教学环节

给排水专业因其高度实践性,在课程体系优化时必须着重强调实践教学环节的重要性。实践教学不仅是培养学生职业技能和创新能力的关键手段,更是对理论教学成效的直观检验。在优化课程体系的过程中,应当显著提升实践教学的比重,确保其成为教育教学的核心内容。设计多样化的实践教学活动,如实验操作、技能实训及企业实习等,能够让学生在亲身体验中深刻理解和掌握给排水专业的核心技能和必备知识。为了进一步增强学生的实践能力和职业素养,与企业建立紧密的合作关系至关重要。与行业内领先企业的战略合作可以共同打造稳定的校外实训基地,为学生提供更为真实的职业环境和丰富的实践机会。这种校企合作模式不仅能够让学生在实际工作场景中锻炼专业技能,还能够促进他们更好地理解和适应行业要求,从而在未来的职业生涯中更加游刃有余。

### 四、注重课程之间的融合与贯通

给排水课程体系的设计需深刻认识到各门课程之间的内在联系与相互影响,这些课程并非孤立存在,而是构成了一个相互关联、相互支撑的知识网络。在优化这一课程体系时,必须高度重视课程之间的融合与贯通,力求使学生在深入学习每门课程的核心知识后,能够自然而然地构建起一个完整、系统的专业知识体系。

为实现这一目标,课程设计者需具备全局观念,从整体的角度对课程进行精心规划和设计。这意味着要打破传统课程间的明显界限,探寻它们之间的内在联系,使课程内容得以有机整合。通过这种整合,学生不仅能够更全面地理解给排水专业的各个方面,还能更好地把握专业知识之间的逻辑关系,从而更高效地运用所学知识解决实际问题。因此,课程设计者在优化给排水课程体系时,应注重课程的整体性、连贯性和系统性,确保每一门课程都能为构建学生完整的专业知识体系做出贡献。这种融合与贯通的课程设计理念,对于培养学生的综合素质、提高他们的专业技能具有至关重要的作用,也是推动给排水专业教育质量和水平不断提升的关键所在。

## 五、关注行业发展趋势,及时更新课程内容

给排水行业作为一个持续进步和演变的领域,新的技术革新和先进理念层出不穷,为了使学生能够与时俱进,紧跟行业发展,给排水课程体系的动态更新显得尤为重要。在课程体系优化的过程中,必须时刻保持对行业发展趋势的敏锐洞察,积极捕捉最新的技术成果和创新理念。将这些前沿的新知识和技术及时融入课程中,可以确保教育内容始终与行业发展的实际需求保持同步。此外,课程体系的定期评估和调整也是不可或缺的环节。定期审视课程的设置和内容,可以及时发现并解决可能存在的问题和不足,确保课程始终保持其时效性和前瞻性。这种动态的更新机制不仅有助于学生及时了解和掌握行业的最新动态,还能够培养他们的创新意识和实践能力,为未来的职业发展奠定坚实的基础。

## 六、培养学生的综合素质和创新能力

在给排水专业的教育教学中,除了着重培养学生的专业技能外,更需重视对学生综合素质和创新能力的全面培育。现代职业发展要求学生不仅具备扎实的专业知识,还应拥有良好的团队协作能力、沟通能力及高效解决问题的能力等非技术性能力。这些

能力的掌握,对于学生未来职业生涯的成功具有至关重要的影响。因此,在优化给排水课程体系时,必须将非技术性能力的培养纳入核心教学目标之中。设计富有挑战性的团队项目、开展实践导向的沟通训练,以及引入真实场景的问题解决案例,可以有效地提升学生的团队协作水平、沟通技巧和问题解决能力。同时,为了激发学生的创新思维和创新能力,课程体系中还应融入创新实验的设计和科研项目的参与。这些活动不仅能够为学生提供广阔的探索空间和实践平台,更能够培养他们的科研素养和创新精神。鼓励学生勇于尝试、敢于创新,可以帮助他们建立起积极应对未来职业挑战的信心和实力。

# 第四节　课程体系持续改进的路径与措施

## 一、以行业需求为导向,动态调整课程内容

### (一)定期调研与前沿知识的融入

为了确保给排水课程体系的时效性和前瞻性,教育机构必须定期调研行业发展趋势和最新技术成果,这种调研不应仅限于文献资料的搜集,更应包括对行业内专家的访谈、实地考察及技术研讨会的参与。通过调研,教育机构能够更全面地了解行业的发展动态,捕捉到最新的技术革新和应用趋势。将这些前沿知识及时融入课程中,是确保学生所学知识与社会需求紧密相连的关键。例如,随着环保意识的提升和水资源的日益紧张,新型水处理技术成为给排水行业的热点。通过将这些技术引入课堂,学生不仅能够了解到最新的水处理工艺,还能够对其原理、应用及优缺点有深

入的理解。此外,智能化给排水系统也是当前行业的另一大趋势。随着物联网、大数据和人工智能等技术的不断发展,给排水系统的智能化水平日益提高。将这一内容融入课程,可以帮助学生了解如何运用现代科技手段对给排水系统进行优化和管理,从而提高系统的运行效率和稳定性。

### (二)加强与企业的合作与交流

为了更准确地把握行业对人才的需求,教育机构应加强与企业的合作与交流。这种合作不仅有助于教育机构了解企业对人才的具体要求,还能够为学生提供更多实践机会和就业渠道。通过校企合作,教育机构可以邀请企业专家参与课程设置和教学计划的制订。企业专家根据自身的实践经验和行业需求,为教育机构提供宝贵的建议和指导,确保课程内容更加贴近实际、更具应用价值。同时,企业还可以为教育机构提供实习岗位和实训基地,让学生在实践中深化对理论知识的理解,并培养他们的职业技能和团队协作能力。产学研一体化模式是推动教育机构与企业深度合作的有效途径。在这种模式下,教育机构、科研机构和企业可以共同开展科研项目和技术开发,促进科技成果的转化和应用。通过这种方式,学生不仅能够参与到真实的科研项目中,还能够接触到最新的技术和设备,为他们的职业发展奠定坚实的基础。

## 二、强化实践教学环节,提升学生实践能力

### (一)增加实践教学的比重

通过大幅增加实践教学的比重,教育机构可以更有效地帮助学生掌握该专业的核心技能和知识。实践教学包括但不限于实

验、实训和实习等形式，每一种形式都有其独特的教育价值和功能。实验课程是实践教学的重要组成部分。通过开设综合性实验课程，学生可以在教师的指导下动手操作，观察实验现象，记录实验数据，从而更直观地理解和掌握给排水专业的相关知识。这种教学方式不仅能够提升学生的动手能力，还能够在实际操作中培养他们的问题解决能力和创新思维。实训则更注重对学生职业技能的训练。在实训过程中，学生可以模拟真实的工作场景进行实践操作，如管道安装、设备维修等。通过反复练习和不断改进，学生可以熟练掌握给排水专业的核心技能，为未来的职业生涯做好充分准备。实习是另一种重要的实践教学形式。学生到相关企业进行实习，可以深入了解行业的实际运作和工作环境。在实习过程中，学生不仅能够将所学知识应用于实践，还能够接触到最新的行业技术和设备，从而拓宽视野，增强职业素养。

### （二）加强实践教学设施建设

教育机构投入更多的资金用于实验室建设、设备更新等方面，以确保学生能够在良好的实践环境中进行学习和探索。具体而言，教育机构可以引进先进的实验设备和仪器，以满足综合性实验课程的需求。同时，还应定期对设备进行维护和更新，确保其处于良好的工作状态。此外，实验室的布局和设计也应充分考虑学生的实际需求，为他们提供一个安全、舒适、便捷的实践环境。除了传统的实践教学设施外，还可以引入虚拟仿真技术、远程实训等先进手段来丰富实践教学的形式和内涵。虚拟仿真技术可以模拟真实的工作环境，让学生在虚拟场景中进行实践操作，从而提高他们的应变能力和问题解决能力。远程实训则可以利用现代网络技术，让学生在任何时间、任何地点都能够进行实践学习，极大地提高了实践教学的灵活性和便捷性。

## 三、注重课程融合与贯通,构建系统知识体系

### (一)打破课程界限与实现内容整合

传统课程体系往往以学科为中心,各门课程相对独立,缺乏必要的联系和呼应。这种分散性的课程设置容易导致内容的重复和冗余,降低学生的学习效率和效果。为了克服这一问题,需要重新梳理和优化课程结构,将相关课程进行模块化设计。具体而言,可以通过分析各门课程之间的内在联系和逻辑关系,将它们划分为若干个相对独立但又相互关联的模块。每个模块都围绕一个核心主题或知识点展开,确保内容的连贯性和递进性。这种模块化设计的优势在于能够形成相互衔接、层层递进的课程体系。学生在学习的过程中,可以更加清晰地看到各门课程之间的关联和脉络,从而更好地理解和掌握给排水专业的知识体系。同时,模块化设计还能够避免课程内容的重复和冗余,提高学生的学习效率和效果。

### (二)加强课程联系与形成整体认识

除了打破课程界限并实现内容整合外,加强课程之间的联系和呼应也是确保学生形成对给排水专业整体认识的关键。在教授某一门专业课程时,教师不应仅局限于该课程的知识点,而应适当引入其他相关课程的知识点进行拓展和延伸。例如,在讲授给水处理技术时,可以适当引入水质分析、水泵与泵站等相关课程的知识点,帮助学生更好地理解给水处理技术在实际应用中的作用和效果。这种跨课程的拓展和延伸不仅能够丰富学生的知识体系,

还能够激发他们的学习兴趣和动力。同时,为了进一步加强课程之间的联系和呼应,还可以设置一些综合性课程项目或跨学科课程任务。这些项目或任务应围绕给排水专业的实际问题展开,要求学生在解决实际问题的过程中综合运用所学知识。通过这种方式,学生可以将各门课程的知识点融会贯通,形成对给排水专业的整体认识和把握。

## 四、关注学生非技术性能力培养,促进全面发展

### (一)培养非技术性能力

在给排水专业的课程教学中,非技术性能力的培养同样不可忽视,这些能力,如团队协作、沟通表达、创新思维等,虽然不直接涉及专业技术操作,但对于学生的职业发展和综合素质提升具有至关重要的作用。因此,将非技术性能力培养纳入课程教学目标之中,明确其重要性及其与专业技能的互补关系,是当代教育的重要任务。为了实现这一目标,教师需要设计多样化的教学活动和评估方式。例如,可以组织小组讨论、角色扮演等互动性强的教学活动,让学生在参与过程中锻炼团队协作和沟通表达能力。同时,设置开放性问题、开展创新实验等,引导学生积极思考、勇于尝试,从而培养他们的创新思维和解决问题的能力。在评估方面,除了传统的笔试、实操等考核方式外,还可以引入学生自评、互评及教师点评等多元化评价手段。这些评价方式能够更全面地反映学生在非技术性能力方面的表现,为教师提供有针对性的教学反馈,从而进一步完善课程设计。

## （二）激发创新思维与创新能力

创新实验是一种有效的教学手段，它鼓励学生跳出传统实验的框架，勇于尝试新的方法和技术。在这一过程中，学生不仅能够深化对专业知识的理解，还能够培养敢于创新、勇于实践的精神。同时，参与科研项目可以让学生接触到更前沿的研究领域和更复杂的实际问题，从而激发他们的求知欲和探索欲。此外，教育机构还应鼓励学生积极参与课外科技活动、学术竞赛等实践平台。这些活动不仅能够拓宽学生的视野、增强他们的创新意识，还能够锻炼他们的实践能力和解决问题的能力。同时，引入行业专家或企业家进行讲座或指导活动，可以为学生提供更多与行业内人士交流互动的机会，从而帮助他们更好地了解行业现状和发展趋势，为未来的职业生涯做好准备。

# 参 考 文 献

［1］王新华主编. 供热与给排水［M］. 天津：天津科学技术出版社,2020.

［2］赵金辉主编. 给排水科学与工程实验技术［M］. 南京：东南大学出版社,2017.

［3］王丽娟,李杨,龚宾主编. 给排水管道工程技术［M］. 北京：中国水利水电出版社,2017.

［4］刘生宝著. 给排水工程专业实践教学研究［M］. 济南：黄河出版社,2016.

［5］钟丹编. 高等学校给排水科学与工程专业新形态系列教材：给水管网［M］. 北京：中国建筑工业出版社,2024.

［6］房平,邵瑞华,孔祥刚主编. 建筑给排水工程［M］. 成都：电子科技大学出版社,2020.

［7］马伟文,宋小飞主编. 给排水科学与工程实验技术［M］. 广州：华南理工大学出版社,2015.

［8］李仕友,周帅,王国华. 地方高校给排水科学与工程专业学科素养的培养与提升策略探究［J］. 学周刊,2024,（10）：41-44.

［9］郭刚,周爱姣,苗蕾,等. 新工科背景下教学创新设计与实践——以给排水科学与工程专业水质工程学（二）课程为例［J］. 高教学刊,2024,10（05）：86-89.

［10］周天然,狄军贞,安文博,等. 新形势下给排水科学与工程专

业人才培养的改革与实践［J］. 科技风，2023，（33）：26-28.

［11］张勇，黄健，罗涛，等. 企业导师制在高校给排水科学与工程专业实践能力培养中的作用分析［J］. 就业与保障，2023，（11）：166-168.

［12］梁丽娥. 新工科背景下给排水科学与工程专业实践教学体系构建［J］. 现代职业教育，2023，（33）：105-108.

［13］王敏，刘占孟，张智，等. 给排水专业 BIM 技术人才培养的思考与实践［J］. 中国给水排水，2023，39（22）：6-12.

［14］赵东升，靳方明，杨仕伟，等. "给排水科学与工程概论"课程思政教学改革措施［J］. 西部素质教育，2023，9（21）：26-29.

［15］康孟新，王德弘，王伟卓，等. 给排水科学与工程专业实验教学改革与实践［J］. 科技与创新，2022，（15）：101-103.

［16］高静湉，李卫平，杨文焕. 给排水科学与工程专业课程设计教学环节线上线下教学模式探讨［J］. 科教导刊，2023，（29）：64-66.

［17］沈哲，曹国震，曾立伟，等. 给排水科学与工程专业实践教学体系构建［J］. 西部素质教育，2023，9（17）：1-4.

［18］许铁夫，陈悦佳，刘金锁. 智慧水务背景下给排水科学与工程专业实践教学改革探索［J］. 黑龙江教育（理论与实践），2023，（09）：67-69.

［19］刘彦伶. 新工科背景下给排水科学与工程专业认识实习教学改革探究［J］. 科教导刊，2023，（24）：68-70.

［20］赵志领. 给排水科学与工程专业课程设置与人才培养思考［J］. 创新创业理论研究与实践，2023，6（13）：87-89+134.

[21]向钰,吴燕,李志勤,等.专业动态调整背景下地方高校给排水科学与工程专业建设探讨[J].中国多媒体与网络教学学报(上旬刊),2023,(03):86-89.

[22]刘翠云,武海霞,吴慧芳.新工科背景下给排水科学与工程专业教学实验装置研制[J].中国现代教育装备,2023,(01):102-104.

[23]顾成军.地方高校新建给排水专业创新创业型人才培养探索与实践[J].通化师范学院学报,2022,43(08):115-120.

[24]张佳妹,奚姗姗,李国莲,等."新工科"视野下给排水科学与工程专业教学模式的改革探讨[J].科技风,2024,(21):96-98.

[25]张铁坚,张立勇,乔孟涛,等.给排水科学与工程专业大学生劳动教育路径探索[J].高等建筑教育,2024,33(04):147-152.

[26]周俊,黎媛萍,张纯,等.地方本科院校给排水科学与工程专业应用型师资队伍建设[J].中国教育技术装备,2024,(13):11-13.

[27]黄雪征,毛艳丽,高宏斌,等.基于OBE理念的给排水科学与工程专业生产实习教学模式探索[J].河南城建学院学报,2024,33(03):124-127+132.

[28]张佳妹,奚姗姗,李国莲,等.人工智能背景下"水工艺设备基础"课程教学改革研究[J].科技风,2024,(17):34-36.

[29]杨皓涵,朱永恒,丛海兵.给排水科学与工程专业"水力学"课程体系改革探究[J].科教导刊,2024,(13):48-50.

[30]曹晓龙.结果导向及工程认证下给排水科学与工程专业BIM植入探究[J].大众科技,2024,26(02):175-179+191.